달팽이 더듬이 위에서 티격태격,
와우각상쟁

01 우리말에 깃든 생물이야기

달팽이 더듬이 위에서 티격태격, 와우각상쟁

초판 1쇄 발행일 2016년 1월 20일
초판 4쇄 발행일 2019년 4월 5일

지은이 권오길
펴낸이 이원중

펴낸곳 지성사 **출판등록일** 1993년 12월 9일 **등록번호** 제10-916호
주소 (03458) 서울시 은평구 진흥로 68(녹번동 162-34) 정안빌딩 2층(북측)
전화 (02) 335-5494 **팩스** (02) 335-5496
홈페이지 지성사.한국 | www.jisungsa.co.kr **이메일** jisungsa@hanmail.net

ⓒ 권오길, 2013

ISBN 978-89-7889-276-6 (04470)
ISBN 978-89-7889-275-9 (세트)

잘못된 책은 바꾸어드립니다. 책값은 뒤표지에 있습니다.

이 도서의 국립중앙도서관 출판시도서목록(CIP)은 서지정보유통지원시스템 홈페이지
(http://seoji.nl.go.kr)와 국가자료공동목록시스템(http://www.nl.go.kr/kolisnet)에서
이용하실 수 있습니다. (CIP제어번호:CIP2013015507)

달팽이

더듬이 위에서
티격태격,
와우각상쟁

지성사

스무 해 넘게 글을 써 오던 중 우연히 '갈등葛藤', '결초보은結草報恩', '청출어람靑出於藍', '숙맥菽麥이다', '쑥대밭이 되었다' 따위의 말에 식물이 오롯이 숨어 있고, '와우각상쟁蝸牛角上爭', '당랑거철螳螂拒轍', '형설지공螢雪之功', '밴댕이 소갈머리', '시치미 떼다'에는 동물들이 깃들었으며, '부유인생蜉蝣人生', '와신상담臥薪嘗膽', '이현령비현령耳懸鈴鼻懸鈴', '재수 옴 올랐다', '말짱 도루묵이다' 등에는 사람이 서려 있음을 알았다. 오랜 관찰이나 부대낌, 느낌이 배인 여러 격언이나 잠언, 속담, 우리가 습관적으로 쓰는 관용어, 옛이야기에서 유래한 한자로 이루어진 고사성어에 생물의 특성들이 고스란히 담겨 있음을 알았다. 글을 쓰는 내내 우리말에 녹아 있는 선현들의 해학과 재능, 재치에 숨넘어갈 듯 흥분하여 혼절할 뻔했다. 아무래도 이런 글은 세상에서 처음 다루는 것이 아닌가 하는 생각에서였으며, 왜 진작 이런 보석을 갈고닦지 않고 묵혔던가 생각하니 후회막급이었다. 그러나 늦다고 여길 때가 가장 빠른 법이라 하며, 세상에 큰일은 어쭙잖게도 우연에서 시작하고 뜻밖에 만들어지는 법이라 하니…….

정말이지 글을 쓰면서 너무도 많은 것을 배우게 된다. 배워 얻는 앎의 기쁨이 없었다면 어찌 지루하고 힘든 글쓰기를 이렇게 오래 버텨 왔겠으며, 이름 석 자 남기겠다고 억지 춘향으로 썼다면 어림도 없는 일이다. 아무튼 한낱 글쟁이로, 건불만도 못한 생물 지식 나부랭이로 긴 세월 삶의 지혜와 역사가 밴 우리말을 풀이한다는 것이 쉽지 않겠지만 있는 머리를 다 짜내 볼 참이다. 고생을 낙으로 삼고 말이지. 누군가 "한 권의 책은 타성으로 얼어붙은 내면을 깨는 도끼다."라 설파했다. 또 "책은 정신을 담는 그릇으로, 말씀의 집이요 창고"라 했지. 제발 이 책도 읽으나 마나 한 것이 되지 않았으면 좋겠다.

"밭갈이가 육신의 운동이라면 글쓰기는 영혼의 울력"이라고 했다. 그런데 실로 몸이 예전만 못해 걱정이다. 심신이 튼실해야 필력도 건강하고, 몰두하여 생각을 글로 내는 법인데. 50쪽지가 실린 이

번 책을 시작으로 최소한 5권까지는 꼭 엮어 보고 싶다. 이번 작업이 내 생애 마지막 일이라 여기고 혼신의 힘을 다 쏟을 생각이다. 새로 쓰고, 쓴 글에 보태고 빼고 하여 쫀쫀히 엮어 갈 각오다. '조탁彫琢'이란 문장이나 글 따위를 매끄럽게 다듬음을 뜻한다지. 아마도 독자들은 우리말 속담, 관용구, 고사성어에 깊숙이 스며 있는 생물 이야기를 통해 새롭게 생물을 만나 볼 수 있을 터다. 옛날부터 원숭이도 읽을 수 있는 글을 쓰겠다고 장담했고, 다시 읽어도 새로운 글로 느껴지며, 자꾸 눈이 가는, 마음이 한가득 담긴 글을 펼쳐보겠다고 다짐하고 또 다짐했는데, 그게 그리 쉽지 않다. 웅숭깊은 글맛이 든 것도, 번듯한 문장도 아니지만 술술 읽혔으면 한다. 끝으로 이 책에서 옛 어른들의 삶 구석구석을 샅샅이 더듬어 봤으면 한다. 빼어난 우리말을 만들어 주신 현명하고 훌륭한 조상님들을 참 고맙게 여긴다.

차례

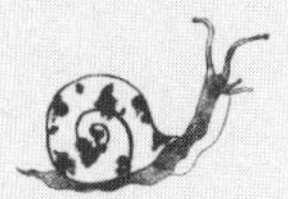

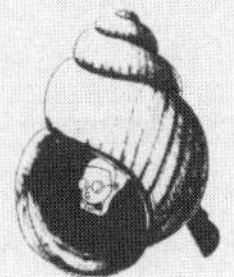

작은 고추가
맵다

옛날에는 장을 담근 뒤 항아리 속에 붉은 고추를 넣었다. 아들을 낳으면 왼새끼로 꼰 금禁줄에다 빨간 고추와 솔가지, 댓잎, 숯을 꿰어 악귀를 쫓을 뿐만 아니라 불결한 사람들이 함부로 드나드는 것을 삼가게 했다. 아쉽고 안타깝게도 요새는 눈을 씻고 봐도 그런 모습을 볼 수 없게 되었으니, 전해 내려오던 관습 하나하나가 다 지구를 떠나고 마는군. 생물이 멸종하는 것에는 제법 신경을 쓰는 듯한데…….

고추에 얽힌 속담은 많고도 많다. 덩치가 크다고 하여 모두 제 구실을 하는 것은 아님을 이를 적에 "고추가 커야만 매운가."라 하고, 불가능한 잔꾀를 부림을 비유하여 "고추나무에 그네를 뛰고 잣 껍데기로 배를 만들어 타겠다.”고 한다. “고추밭에 말 달리기”는 심술이 매우 고약함을 빗대는 말이며, “고추보다 후추가 더 맵다.”는 뛰어난 사람보다 더 뛰어난 사람이 있음을 풍자하는 것이며, “시누이는 고추보다 맵다.”는 시누이가 올케에게 심하게 대하여 호된 시집살이를 겪게 하는 경우를 비유적으로 이르는 말이다. 고추에 얽힌 속담 중 가장 널리 쓰이는 “작은 고추가 맵다.”라는 속담은 몸은 작아도 힘이 세거나 성질이 모질고 일을 옹골차게 하는 사람을 일컫는 말이다. 여느 생물이나 사람이나 모두 한 가지가 모자란다 싶으면 다른 것에 뛰어난 점이 언제나 있다.

고추[*Capsicum annuum*]는 남아메리카 볼리비아가 원산지로 우리나라에서는 겨울나기를 못하기에 한해살이풀로 여기지만 더운 지방에서는 여러해살이라 ‘고추나무’란 표현이 지극히 맞다. 고추는 쌍떡잎식물 가짓과의 식물로, 채소의 상당 부분을 차지하는 감자, 토마토, 가지, 담배들이 이 가짓과에 속한다. 그래서 이것들은 꽃이 서로 닮았다. 꽃이 닮았다는 말은 겉으로는 아주 달라 보여도 유전적으로는 비슷하다는 뜻으로, 이것들끼리는 생식기가 유사하다. 동물에서도 같은 종은 생식기의 구조가 같아서 궁합宮合을 맞추어 후사後嗣를 볼 수 있다.

5월 초 밭에 200여 그루의 가녀린 고추모를 신명나게 심고 나면 허리가 내 허리가 아닌 느낌이다. 그래도 뒤치다꺼리가 남아 있다. 고춧대에 버팀목 대 주고 밑동에 난 곁순 치고, 비료를 잔뜩 주면 뭉실뭉실 커서 6월이면 Y자로 나누어지는 방아다리 가지 사이에 접시처럼 생긴 흰 꽃이 밭 가득 핀다. 녹색인 꽃받침은 끝이 5개로 얕게 갈라지고, 꽃잎은 타원형으로 5개이며, 길쭉한 암술 1개에 수술 5개가 가운데로 모여 달린다.

풋고추 하나에 들어 있는 비타민 C가 귤의 네 배나 된다고 하더라. 풋고추는 가을도 되기 전에 익어 가면서 새빨간 홍고추가 되니 그것은 약이 오르면서 캅산틴capsanthin 색소가 생겨난 탓이다. 그리고 고추가 매운맛을 내는 것은 캅사이신capsaicin이란 물질 때문이다. 약 오른 고추가 얼마나 맵기에 옛사람들이 고초苦草라 했겠는가. 고추는 끝 쪽보다는 줄기 쪽이 더 맵다. 물론 그 매운맛은 고추가 세균이나 곰팡이 같은 미생물과 곤충에 먹히지 않기 위해 만들어 놓은 자기방어 물질이다. 때문에 알고 보면 고추, 후추, 겨자 따위는 모두 천연 방부제인 것이다. 우리나라 남부지방에서는 천연 방부제로 허브 냄새가 지독한 방아풀을 겉절이나 순대, 추어탕 등에 많이 넣어 먹는데, 이는 중국 남부나 태국, 베트남에서 음식에 고수풀이라는 것을 넣어 우리에게 역하게 느껴지는 것과 같다.

그런데 어디 거친 땅 푸서리에 사는 놈 있나. 고온성 작물인 고추는 땅이 걸고 물이 잘 빠지는 곳에서 잘 자라고, 반드시 돌려짓기를 해야 한다. 거저 얻는 것은 없다. 곡진한 보살핌이 있어야 하기에 농작물은 주인 발걸음 소리 듣고 자란다고 하는 것! 우리나라의 여러 고추 품종 중에는 청양고추가 제일 유명하다. 참고로 청양고추의 '청양'은 충청남도 청양이 아니고, 경상북도 청송의 '청'과 영양의 '양' 자를 딴 것이라 한다. 그런데 맵지 않은 고추도 근방에 매운 청양고추가 있으면 꽃가루가 옮겨 붙어 매워지고 만다고 한다. 고추는 세계적으로 25종이 넘는데 꽈리고추, 피망, 그것을 개량한 파프리카 등 여럿이 있다.

새삼스럽게 먹는 타령이다. 사실 우리는 고추 없이는 못 산다. 밥상을 고추로 버무려 놨다고 해도 과언이 아닐 정도다. 김치는 말할 것도 없고 찌개, 국, 심지어 나물마저도 고춧가루를 넣어 무치는 것이 있다. 그리고 고추장! 말만 들어도 혀밑샘에서 침이 돈다. 그뿐인가. 짭조름한 고추장아찌에다 매콤한 고추씨 기름도 음식에 넣어 먹는다. 끓는 물에 살짝 데쳐 말린 고춧잎과 무말랭이를 섞어 무쳐 먹고, 고춧잎만 살짝 데쳐서 나물로 무쳐 먹기도 하며, 풋고추도 간장에 조려 먹는다. 옛날 한여름 점심엔 노상 찬물 말은 보리밥에 풋고추를 막된장에 찍어 먹었다. 서리가 내릴 기미가 보이면 서둘러 끝물 고추를 따서 두세 갈래로 갈라 밀가루 옷 입혀 쪄서 가을 햇살에 꾸덕꾸덕 말렸다가 기름에 튀겨 고추부각을 해 먹었다. 나이를 먹으니 "된장에 풋고추 박히듯" 글방에 꼭 틀어박혀 자리를 떠나지 않고 살게 되는 것이 못마땅하게 여겨져 쓸쓸해하는 말을 "고추 먹은 소리"라 한다지.

익은 고추 하나에 들어 있는 씨알을 헤아려 본다. 새빨간 주머니에 노란 동전이 145개나 들어 있지 않은가. 녀석, 참 옹골차다! 고추나무 중에서 큰 축에 드는 놈 앞에 펄썩 퍼질러 앉아 허리를 구부리고 고추를 낱낱이 헤아린다. 어림잡아 한 그루에 70~80개다. 고추씨 하나를 심어서 몇 개의 새끼 씨를 얻는지 계산하면 145×75=10875개, 정말 다산多産이로다! 그러고 보니 왼새끼 금줄에 고추를 끼운 뜻도 알 만하다! 뭐니 뭐니 해도 고추에게서 배울 것은 씨알 하나가 1만 개가 넘는 자식을 낳더라는 것!

이 거머리
같은 놈!

몸이 작고 빨판이 발달되어 잘 들러붙고 떨어지지 않는 거머리를 흔히 '찰거머리'라 한다. 그래서 끈질기게 달라붙어서 남을 괴롭히는 사람을 일컬어 "거머리같이 따라다닌다."라고 하거나 "거머리 같은 놈"이라고 하는데 요샛말로는 스토커다. 그런데 영어권에서도 싸움을 심하게 할 때 서로 거머리leech나 벌레insect라고 부르며 폄하하는 걸로 보아, 거머리는 어딜 가도 그리 높게 쳐주지 않음을 알 수 있다.

아무튼 거머리는 지렁이나 갯지렁이와 함께 몸에 고리를 여럿 가졌으니 환형동물環形動物이고, 그중에서도 거머릿과에 든다. 거머리는 우리나라에는 2과 15종이 있으며 대표적인 것이 참거머

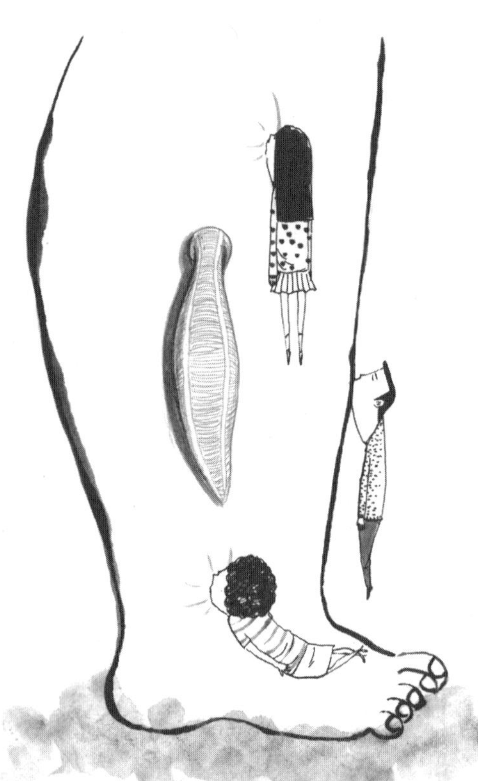

리[*Hirudo nipponica*]이다. 세계적으로는 500여 종이 있으며 민물, 육지, 바다에 두루 산다. 그리고 종이 달라도 모두 몸마디가 34개이며, 특별나게도 딴 환형동물에는 없는 3~5쌍의 눈이 있고, 앞 빨판과 뒤 빨판이 있다. 열대지방의 나무에 사는 땅거머리는 보통 때는 새나 짐승의 피를 빨지만, 사람을 만나면 다짜고짜로 공격하여 달라붙은 지 30분 이내에 몸무게의 10배에 해당하는 피를 빤다. 거머리의 종류는 앞 빨판에 100여 개의 아주 작고 예리한 이빨이 많이 나 있는 무리와 이빨이 숫제 없는 무리로 나뉜다. 그리고 민물에서 사는 종류는 강이나 연못, 도랑에 살면서 조개류나 수서 곤충의 체액을 빨아먹는 것이 있는가 하면 양서류나 물새들에 기생하는 것, 지렁이나 작은 곤충을 잡아먹는 것, 포유류의 피를 빨아먹는 것 등이 있다. 바다 것은 갑각류나 어류, 거북 따위에 외부 기생을 한다.

필자는 경남 산청군 단성면의 안쪽 땅, 지리산 자락에서 자란 촌놈이라 벼논도 많이 맸다. 어른들 뒤꽁무니를 어슬렁어슬렁 따라다니며 논바닥을 훑고 다녔는데, 그러다 보면 장딴지가 근질근질 가려웠다. 만지는 순간 손끝에 느껴지는 물컹한 것에 등골이 오싹해지면 '아! 거머리로구나.' 하고 퍼뜩 알아차렸다. 오늘 또 재수 옴 올랐다는 생각을 하면서 지체 없이 논두렁으로 나가 덥석 풀 한 줌 뜯어 다리의 흙탕물을 쓱쓱 문질러 닦고 거머리를 홱 잡아서 떼곤 했다. 그런데 그때는 몰라서 그랬는데 그렇게 하면 물린 자국의 상처가 커져 좋지 않다. 거머리에 라이터불이나 담뱃불을 갖다 대거나 비눗물, 알코올, 식초, 음료수 같은 것을 부으면 상처 없이 떨어진다고 한다. 하지만 요놈을 그냥 둘 수가 없었다. 원한의 복수를 해야지. 보통은 돌멩이로 콩콩 찧어 버리지만 장난기가 동하면 뾰족한 나무 꼬챙이를 똥구멍에 푹 끼워 햇볕 쨍쨍 내리쬐는 곳에 자갈을 모아 곧추세워 두었다. 악동이 따로 없다. 그러나 이 모질고 끈질긴 놈은 뙤약볕에 며칠을 둬도 꼼작꼼작 죽지 않았다. 뿔이 돋은 나는 "초근목피草根木皮 먹고 힘겹게 만든 내 적혈구를 축낸 놈은 기꺼이 벌을 받아 마땅하다!"고 웅얼거리면서 기어코 놈에게 몽돌벼락을 안겼다.

거머리가 피를 빤 다리는 한동안 유혈이 낭자하다. 거머리의 침샘에서 분비한 항응고 효소 물질인 히루딘hirudin이 피 굳기를 억제하기에 한동안 피가 멎지 않으며, 히루딘이 피에 다 씻겨 나간 뒤에라야 출혈이 끝난다. 어쨌거나 모기들도 비슷한 마취제와 항응고제를 혈관에 쏟아 부어 숙주宿主 모르게 피가 응고되지 않고 목으로 술술 넘어간다. 영리하기 짝이 없는 녀석들이다! 히루딘은 오래전부터 헤파린heparin과 함께 혈액응고 방지제로, 또 혈전증血栓症의 예방 및 치료에 써 왔다. 1976년경에 히루딘의 구조가 밝혀져서 지금은 여러 제약사에서 유전자 재조합으로 대량 생산한다. 천연 히루딘은 65개의 아미노산으로 구성되어 있으며 혈액응고 과정에서 중요한 역할을 하는 트롬빈thrombin 의 활동을 억제하여 신속하게 혈액응고를 막는다.

징그럽게만 여겼던 거머리에 이런 쓰임새가 있을 줄이야! 그리스·로마 시대에도 울혈에 흡혈로 썼지만 현대 의학에서도 거머리 치료 요법이 각광을 받고 있다. 손·발가락이 절단되면 접합 수술을 하는데, 힘들여 잘해도 일부 혈관이 끊겨 있어 피가 잘 돌지 않아 환부가 퉁퉁 붓게 된다. 이때 환부에 '석 달간 피에 굶주린' 거머리를 갖다 대면 녀석이 배가 빵빵해질 때까지 피를 빤다. 이리하여 부기가 빠지면서 상처가 아문다고 한다. 그러나 국산 거머리는 크기가 작을뿐더러 빠는 힘도 약해 쓰지 않고, 덩치가 두 배나 더 큰 영국산 의료용 거머리를 무균 상태에서 키워 사용한다. 또한 당뇨병이나 발가락 궤양, 피부 궤양, 혈관 염증 치료에도 쓰이고, 배 속의 피 DNA를 분석하여 범인을 잡는 등 범죄의학에도 쓰인다고 한다.

그러면 거머리 채집은 어떻게 할까? 거머리가 사람의 피 냄새를 맡고 온다는 것은 얼토당토않은 이야기이다. 녀석들은 사람들이 무논에서 일하느라 철벙철벙 생기는 물의 파동을 느끼고 온다. 그러니 거머리 잡겠다고 물에 들어갈 필요 없이 밖에 퍼질러 앉아 장대로 찰싹찰싹 물 등짝만 두들기면 할랑할랑 하고 댓잎

같은 것이 몰려온다. '양성주파성陽性走波性'을 이용하는 것이다. 거듭 말하지만, 몸뚱이를 쓰지 말고 머리를 쓰라 했다. 옛날에 필자가 서울의 수도여고에서 교편 잡을 때 일이 새삼스럽게 떠오른다. 이른 봄에 걸 스카우트 학생들이 신다 해진 스타킹을 열심히 모았으니, 그것을 거머리에 물리는 것을 예방하기 위해 썼다. 호랑이 담배 피우던 과거가 되어 버렸지만 그때는 그랬다. 거머리는 나일론 스타킹을 뚫지 못한다. 어쨌거나 이제 와선 살충제, 제초제 탓에 덩달아 거머리도 씨가 말라 간다. 세상에 성한 것이 없구나.

쪽빛, 남색, 인디고블루는
같은 색

'청출어람靑出於藍'은 중국 전국시대의 사상가로서 성악설을 주장한 순자荀子의 사상을 집대성한 책 『순자』의 「권학편勸學篇」에 나오는 말이다. "학문이란 끊임없이 계속하는 것이므로 중도에 그쳐서는 아니 되고學不可以已, 푸른색은 쪽에서 취했지만 쪽빛보다 더 푸르며靑取之於藍而靑於藍, 얼음은 물로 되었지만 물보다도 더 차다氷水爲之而寒於水."라 했다. 이것은 푸른색이 쪽빛보다 푸르듯이, 얼음이 물보다 차듯이 학문에 힘쓰다 보면 스승을 능가하는 학문의 깊이를 가진 제자가 나타날 수 있다는 말이다. 흔히 제자가 스승보다 뛰어나다는 뜻으로 쓰는 사자성어 '청출어람'이 여기서 나왔으며 '출람出藍'이라는 말도 여기에서 비롯된 것이다. 원래

'청출어람 청어람靑出於藍 靑於藍'이라고 해야 하지만 대개 줄여서 청출어람이라고 쓴다. 더불어 이런 재주 있는 사람을 '출람지재出藍之才', '출람지예出藍之譽'라고도 하며 청출어람과 같은 뜻으로 쓴다.

비슷한 사자성어로 '후생각고後生角高'가 있으니, 나중에 생긴 것이 먼저 것보다 훨씬 나음을 이르는 말이다. 뒤에 난 뿔이 우뚝하다, 먼저 난 머리보다 나중 난 뿔이 무섭다는 의미이다. 또 이와 비등한 말에 '후생가외後生可畏'도 있다. 나보다 먼저 태어나서 지식과 덕망이 나보다 뛰어난 사람이 선생先生이고, 나보다 뒤에 태어난 사람, 즉 후배에 해당하는 사람이 후생後生 아닌가. 그런데 이 싱그러운 후생은 장래에 무한한 가능성을 가지고 있으므로 가히 두려운 존재라는 것. 부지런히 갈고닦은 후배는 선배를 능가할 수 있음을 이르는 말이다. 우리는 여기까지 청출어람, 후생각고, 후생가외 셋을 익혔다. 그러다 보니 청출어람의 '람藍'이 무엇인지 궁금할 것이다. 앞에서 '푸른색은 쪽에서 취했지만 쪽빛보다 더 푸르고'란 말에서 보듯 '람'은 곧 쪽이다. 필자가 해야 할 일이 바로 이 쪽에 대한 정보를 알려 주는 것이다. 사실 우리는 '쪽빛 하늘', '남이랄까 코발트랄까', '쪽빛 바다', '쪽빛 염색' 등과 같은 표현으로 자주 쪽과 남藍을 만났다. 쪽빛을 다른 말로 남빛이라 하는데, 남빛과 쪽빛이 모두 널리 쓰이므로 둘 다

표준어로 삼는다고 한다.

쪽[*Persicaria tinctoria*]은 쌍떡잎식물 마디풀과의 한해살이풀로, 야생하는 것은 보기 어렵고 주로 밭에서 재배한다. 쪽은 같은 마디풀과의 여뀌[*Persicaria hydropiper*]와 영락없이 아주 비슷해서 사람들이 혼동할 정도로 서로 닮았다. 동양에서는 남藍, 서양에서는 인디고indigo라고 부르며, 한자명은 남藍이고, 다른 이름으로는 목람木藍, 대람大藍, 소람小藍, 엽람葉藍, 남옥藍玉 등이 있다. 쪽의 색소는 천연염료를 대표하는 것으로 중국, 필리핀, 중앙아메리카, 서인도 제도 등에서 널리 재배하고 있으며, 질 좋은 인도쪽이 전 세계적으로 퍼졌다고 한다.

쪽의 원산지는 중국이며, 우리나라에서 전통적으로 염료를 만들기 위해 재배하는 대표적 염료 식물이다. 줄기는 붉은빛을 띤 자주색으로 높이 50∼70센티미터까지 곧게 자란다. 잎은 긴 타원형으로 양 끝이 좁고 가장자리가 밋밋하며, 끝이 뾰족하게 날카롭고 톱니가 없으며, 마르면 짙은 남색을 띤다. 잎자루가 짧고 얇은 종이처럼 반투명한 막질膜質의 턱잎이 달린다. 꽃이 이삭 모양으로 피는 수상꽃차례로 8∼9월에 붉은빛의 자잘한 꽃이 줄기와 가지 끝에 달리는데, 꽃잎이 없고 수술은 6∼8개이며 수술대 밑에 작고 끈적끈적한 샘腺이 있다. 꽃밥은 연한 붉은색이며 암술대는 3개이고, 열매는 세모진 달걀 모양으로 흑갈색이다. 2∼

2.5센티미터 크기의 꽃받침은 다섯 갈래로 깊이 갈라지며, 갈라진 조각은 달걀을 거꾸로 세운 모양이다.

천연염료인 쪽은 석회와 잿물을 써서 산화, 환원이라는 화학적 변화를 거쳐야 비로소 함초롬한 쪽빛을 얻을 수 있다고 한다. 색 자체에 방충과 방부 기능이 있어 한지를 염색하는 데에도 많이 쓰였다. 해열, 해독, 소종消腫의 효능이 있어 황달, 이질, 토혈 등과 각종 염증에 쓴다고 한다. 동유럽과 동아시아를 중심으로 세계에 350여 종이 있으며, 이집트에서는 3300여 년 전부터 이미 사용하였다는 것이 투탕카멘의 피라미드 출토물에서 밝혀졌다고 한다. 지금도 염색 기술 분야에서 높이 평가받는 인도에서는 쪽물의 함량이 가장 많은 인도남이 재배되었고, 앞에서 언급한 것처럼 중국에서는 서기 직후『순자』의「권학편」에 "청은 남에서 나고 남으로 청을 물들인다."는 기록이 있으며, 우리나라에서도 백제 고이왕 27년에 이미 쪽 염색이 실시되었다고 한다. 쪽물 염색이 잘 되는 옷감은 무명, 삼베, 모시, 명주 등이며 화학 섬유에는 잘 물들지 않는다고 한다.

쪽 재배는 3월 하순에 종자를 묘상苗床에 파종하고, 7~8월에 뽑는다. 품종마다 생육 온도에 민감해서 적당한 온도가 아니면 쪽의 함량이 적으며, 개화 수일 전에 베어서 통째(잎이 가장 많이 쪽 성분을 함유함)로 항아리에 쟁여 넣고 물을 채워 돌로 눌러서 닷새나 엿새쯤 묵힌 뒤에 침출된 색이 청색을 띠면 쪽을 건져 내고, 침출된 물에 재를 넣고 나무 주걱으로 충분히 저어서 균일한 혼합 상태로 만든다. 며칠 뒤 알싸한 풀 냄새 나는 웃물을 따라 내고 소쿠리에 여과지를 깔고 받아서 건조시키면 단아하고 소박한 멋이 있는 남빛이 탄생한다!

염색법이 그리 간단할 리가 없다. 요컨대 쪽물은 아주 연한 청색에서 짙은 청색까지 낼 수 있으며, 세탁이나 햇빛, 땀, 산, 알칼리 등에 강해 여간해서 변색되지 않는다. 쪽에 항균성이 있어서 쪽물 들인 옷을 입은 사람에게는 뱀이나 해충이 접근하지 못한다고 한다. 그리고 이것이 청바지의 기원인 동시에 인디고블루 indigo blue라는 색의 이름을 낳게 했다. 요새 와서 사뭇 낡고 옹색하다 여겼던 '쪽물 들이기'를 배우는 사람들이 부쩍 늘었다고 한다. 늦깎이라도 그 과정을 한번 경험해 보고 "내가 해 보니까 이렇더라." 하고 글을 썼더라면 더 좋았을 것을……. 법의 테두리만 벗어나지 않는다면 필요 없는 경험은 없다.

가물치
콧구멍이다!

늙으면 과거를 먹고 산다는 말이 맞는가 보다. 나도 요즘 들어 자꾸만 옛일을 물끄러미 되돌아보는 버릇이 생겼다. 이제 앞으로 걸어갈 길이 얼마 남지 않아 그런가 보다. 모처럼 가물치를 글거리로 정하고 나니 벼락같이 옛일이 세차게 밀려온다. 겨울이었다. 산후보혈產後補血에 좋다 하는 팔뚝만 한 가물치 한 마리를 서울 경동시장 어귀에 있는 어물점에서 샀다. 집에 와 큰솥을 훨훨 타오르는 연탄불에 올려놓고 지긋이 달군 다음 참기름을 한 번 둘렀다. 그리고 가물치 녀석을 확 집어넣고는 솥뚜껑을 후딱 덮고 이를 악물며 두 손으로 있는 힘을 다해 솥뚜껑을 꽉 눌렀다. 녀석이 얼마나 힘이 센지 솥이 덜커덩거렸다. 그러다가 잠잠해졌다. 거기에 물을 한가득 붓고 푹 고아 뽀얗게 우러난 국물이 피를 돕는다. 아직 산후 부기가 빠지지 않은 산모는 살아 보겠다고 그 비릿한 국물을 훌훌 마셨다. 그때 낳은 큰애가 벌써 사십 중반에 들었으니 내가 늙지 않을 수 없지!

가물치의 옛말은 '가모티'로, 몸이 검기 때문에 '흑어黑魚'라고도 하는데, 여기서 보듯이 '검다'의 작은말 '감을'에 비늘 없는 물고기를 나타내는 접미사 '-치'가 붙어서 이루어진 말이라 한다. 쉽게 비유하면 천자문을 배울 때 "하늘 천, 따 지, 가물 현, 누를 황" 하는데 지금은 '검을 현'이라고 하니 '가물'은 오늘날의 '검음'에 해당한다.

가물치[Channa argus]는 가물칫과에 속하는 민물고기로 두 콧구멍이 눈과 주둥이 사이에 작게 열려 있는데, 몸빛이 검다 보니 실제로 콧구멍이 뚜렷하게 보이지는 않는다. "코빼기도 안 보인다."는 말이 연락이 드물거나 모습을 나타내지 않는다는 의미로 쓰이듯, 있는 둥 마는 둥한 가물치 콧구멍을 빗대어 응답이 없거나 대답이 없는 경우를 이르니 "그 사람은 철석같이 약속하고는 여태 가물치 콧구멍일세."와 같이 쓴다. 또한 보잘것없거나 속이 좁을 때 "저 놈의 속은 가물치 콧구멍처럼 좁아서 원."이라고도 한다. 또 어떤 일이 무척 생소할 때 "생긴 것이 가물치 콧구멍처럼 생겼네." 등으로도 쓰고, 사람이 한번 간 뒤 통 소식이

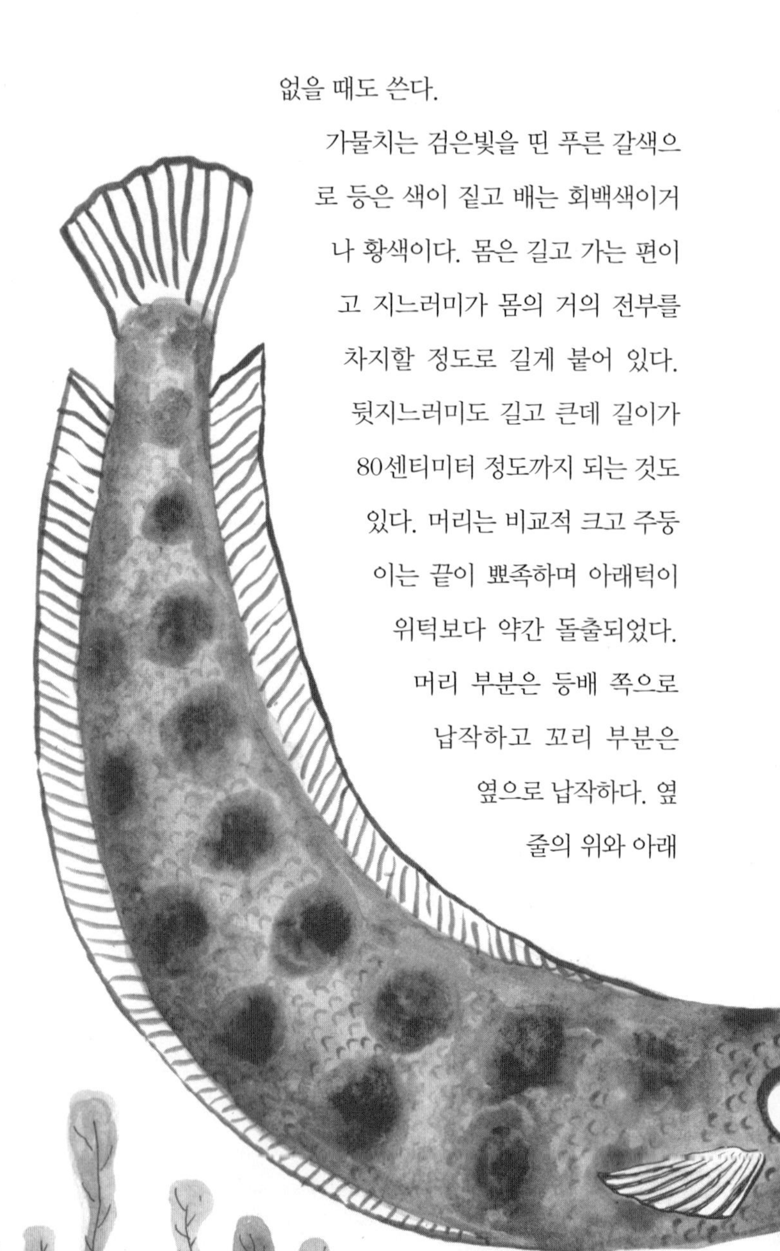

없을 때도 쓴다.

가물치는 검은빛을 띤 푸른 갈색으로 등은 색이 짙고 배는 회백색이거나 황색이다. 몸은 길고 가는 편이고 지느러미가 몸의 거의 전부를 차지할 정도로 길게 붙어 있다. 뒷지느러미도 길고 큰데 길이가 80센티미터 정도까지 되는 것도 있다. 머리는 비교적 크고 주둥이는 끝이 뾰족하며 아래턱이 위턱보다 약간 돌출되었다. 머리 부분은 등배 쪽으로 납작하고 꼬리 부분은 옆으로 납작하다. 옆줄의 위와 아래에 각각 13개 정도의 흑갈색의 마름모꼴 반문斑紋이 있고, 머리의 양쪽에는 두 줄의 검은빛 세로띠가 있다. 입이 크고 이빨이 날카로우며 지느러미에는 가시가 없다. 육식성으로 어린 시기에는 물벼룩을 주로 먹지만 좀 더 자라면 작은 물고기는 물론, 개구리도 잡아먹으며 배가 고프면 병든 친구나 제 새끼까지 마구잡이로 먹는다고 하니 육식 동물들에서 흔히 보는 카니발리즘cannibalism이다. 고얀 놈들.

가물치는 보통 때는 아가미로 호흡하지만 물이 마르면 아가미 가까이에 붙어 있는 부호흡기副呼吸器 한 쌍으로 공기 호흡을 한다. 옛사람들이 "가물치가 나무 위에서 누워 잠잔다."고 했는데, 어린것들은 꼼지락꼼지락 꿈틀거리며 물 밖으로 기어 나가 물 밖에서도 며칠을 너끈히 견딘다. 수온이 높아 산소가 부족한 곳이나, 부패하여 악취가 날 정도의 물속에서도 정상적인 생활을 할 수 있으니 생명력이 질긴 물고기다. 또한 5~8월이면 집을 짓는데 백전노장인 이들은 물풀을 뜯어 모아서 지름이 1미터나 되는 야트막한 산란 둥지를 물에 둥둥 뜨게 만들고 거기에다 한꺼번에 7000여 개의 알을 낳는다. 그러고는 알이 부화하여 어린 물고기가 집을 떠날 때까지 암수가 보호한다. 이윽고 암수 모두가 수척해지고 지쳐 그만 탈기脫氣하고 만다.

　　가물치는 원래 우리나라, 중국, 러시아에만 살았는데 강이나 호수의 먹이 사슬에서 제일 꼭대기를 차지하는 종이라 한번 퍼졌다 하면 난리가 난다. 그런데 일제강점기인 1923년경에 일본 사람들이 우리나라 가물치를 일부러 들여갔으니 일본 본토의 모든 평야 지대를 거세게 치고 들어가 근래에는 홋카이도까지 올라갔다고 한다. 그 힘세고 억센 민물고기 ‘가무루치kamuruchi’가 일본을 평정하고 말았다. 통쾌하도다! 아주 공격적인 종이라 일본의 토종 어류 따위를 싹쓸이하니 지금은 죽일 놈 취급을 받고 있을 터. 그런데 그것들이 미국으로도 흘러 들어가 그곳에서도 경계를 늦추지 못하고 있다는 기사가 있었다.

　　어디 그뿐일라고. 어떻게 건너갔는지는 모르겠지만 잉어가 유럽은 물론이고 미국에서도 판을 치고 있다고 하고, 미국의 샌프란시스코 해안에서 캐나다 밴쿠버 쪽으로 멍게의 일종인 우리나라 미더덕이 바다를 집어삼킬 듯 도도히 퍼져 나가고 있다고 한다. 게다가 갈대가 미국과 캐나다 국경의 오대호까지 주저 없이 퍼져 나가는 모습을 두고 이 지역 언론은 “아시아가 미국을 점령하고 있다.”라고 하며, 심지어 칡도 한몫 거들어 눈엣가시가 되었다고 한다. 외국 동식물에 당하는 데 이골이 난 우리지만 ‘가물치 콧구멍’만 한 이 땅의 우리 것들도 이렇게 저 드넓은 남의 땅을 공격해 들어가 버젓이 잘 지낸다. 피해망상에만 젖어 있을 일이 아니다. 너무 기죽지 말 것이다! 동식물은 국경이 없으니 뿌리내리고 정 붙이고 살면 거기가 제 고향이다. 안 그런가? 하기야 사람도 하나 다르지 않다. 세상은 한없이 넓고 할 일도 수없이 많으니…….

어버이 살아실 제
섬기기 다하여라, 까악!

"까악까악, 까악까악!"

머리 위를 떼 지어 맴돌며 죽음을 부른다는 살기 밴 날카로운 까마귀 소리에 얼른 공중에다 대고, 퉤퉤퉤 침을 세 번 뱉는다. 하늘에 침 뱉는 격이라 하지만 무턱대고 반사적으로 고개를 치켜세우고 그렇게 사귀邪鬼를 쫓는다. 옛날이야기에 저승사자가 까마귀에게 인간의 수명을 적은 적패지赤牌旨를 인간 세계에 전하도록 시켰다고 한다. 그런데 어느 마을에서 그것을 잃어버린 까마귀가 제멋대로 외쳐 댔기 때문에 어른과 아이, 부모와 자식이 순서 없이 죽게 되었고, 이때부터 사람들이 까마귀 울음소리를 불길한 징조로 받아들이기 시작했다고 한다. 이처럼 우리는 까마귀를 흉조凶鳥, 해조害鳥로 보는데, 서양이나 일본 사람들은 오히려 길조吉鳥로 여긴다. 하지만 우리도 한때는 까마귀를 신성한 동물로 취급하였으니 바로 고구려 때이다. 태양 안에서 산다는 세 발 달린 상상의 까마귀를 금오金鳥 또는 삼족오三足鳥라 하여 힘의 상징으로 여겼고, 용이나 불사조보다도 윗길로 쳤다.

중앙아시아가 원산지인 까마귀는 볼품이 어슷비슷한 42종이 세계적으로 널리 분포한다. 그중 우리나라 텃새인 까마귀[*Corvus corone*]는 참새목 까마귓과에 속하고 보통 무리 생활을 한다. 몸길이는 50센티미터, 날개길이는 32~38센티미터나 되는 꽤나 큰 새로, 수놈이 암놈보다 좀 크다. 보랏빛의 윤기 나는 검은 깃털이 온몸을 덮었으며 다리와 발, 부리까지도 새까맣다. 텃새로는 까마귀 말고도 몸길이가 57센티미터나 되는 큰부리까마귀도 있다.

이들 텃새 외에도 늦가을에 북쪽에서 내려왔다가 봄에 돌아가는 철새인 갈까마귀와 떼까마귀도 있다. 갈까마귀는 몸길이 33센티미터로 몸피가 가장 작은 까마귀인데, 갈까마귀라는 이름 역시 '몸집이 작은 까마귀'란 뜻이다. 갈대가 '작은 대竹'를 이르는 것과 다르지 않다. 동식물의 우리말 이름 앞에 붙는 왜, 쇠, 어리, 갈, 좀, 좁쌀, 벼룩 같은 말은 죄다 '작다'는 뜻이다. 한편 떼까마귀는 몸길이가 47센티미터로 부리가 곧고 뾰족하다. 필자가 어릴 때만 해도 이 발칙한 놈들이 떼거리로 날아들어 들판 하나를 쫙 덮어 가을보리 싹을 다 파먹었다. 그러던 것이 여태껏 뜸하더니만 최근에 울산에 수많은 떼까마귀가 날아들어 골치를 썩는다고 한다.

까마귀는 먹이로 죽은 동물을 좋아하지만 들쥐, 파리, 벌, 딱정벌레, 갑각류 따위를 비롯하여 다른 새의 알이나 새끼도 잡아먹고 곡류나 열매도 먹는 잡식성으로, 근래 들어 사람들이 내다 버리는 음식물 쓰레기를 챙기려고 인가 근처에 살게 되었다. 지신地神, 수신水神께 드리는 고수레 음식 또한 녀석들 차지다.

녀석들은 2~3월에 한적하고 높은 산, 소나무 따위의 침엽수 꼭대기나 천 길 낭떠러지에 마른 가지를 모아 지름 30센티미터에 달하는 접시 같은 둥그런 둥지를 틀어 4~6개의 푸르스름한 알을 낳아 수놈은 먹이를 날라다 주고 암놈이 홀로 품는데 17~19일 만에 부화하고, 32~36일 후면 어느덧 다 자란다. 이렇게 새끼를 다 키운 다음에 낮은 곳으로 내려오기에 새끼 치는 것을 보기는 어렵다.

까마귀, 물까치, 까치, 꾀꼬리 따위의 까마귓과 조류는 하나같이 동물들 중에서 지능이 가장 높아 '새대가리'란 말을 들으면 엄청 뽈낸다. 사람은 까막까치를 구별하지 못하는데 그놈들은 사람들의 얼굴을 기억하는 능력도 있어서, 낯선 사람이 동네 어귀에 나타나면 까치가 느닷없이 깍깍거리는 것을 보고 "아침에 까치가 울면 반가운 손님이 온다고 한다.”고 했던 것이다. 하여 “아침 까치 울면 좋은 일이 있고, 밤 까마귀 울면 큰 변이 있다.”고 하는 것도 일리 있는 말일 듯. 틀림없이 밤새 주검 냄새를 귀신같이 맡았을 것이다. 『이솝우화』에서 보듯 서양에서도 까마귀의 지능은 알아줬던 모양이다. 목마른 까마귀가 물이 든 물병을 보았지만 물병에 물이 고작 반쯤 차 있어 부리를 넣어도 물을 마실 수가 없었는데, 궁리 끝에 자갈을 연신 물어다 병에 집어넣어 차오르는 물을 먹었다는 이야기 말이다.

까마귀와 관련된 속담에 녹아든 우리 조상님들의 지혜를 몇 개만 살펴보자. “까마귀가 검기로 마음도 검겠나.”는 사람을 겉모양만 보고 평가할 것이 아니라는 뜻이고, “까마귀가 까치 보고 검다 한다.”란 자기 처지는 생각하지 않고 뻔뻔스럽게 남의 흉을 보는 것을 말한다. 또 “까마귀가 까치집을 뺏는다.”고 하면 서로 비슷하게 생긴 것을 빙자하여 남의 것을 빼앗는다는 뜻이고, “까마귀가 아저씨 하겠다.”는 손발이나 몸에 때가 너무 많이 끼어서 시꺼멓고 더러운 것을 놀림조로 이르는 말이다. 그나저나 창피하게도 나이를 먹으면 안경을 쓰고서도 안경을 찾느라 방구석을 헤맨다. “까마귀 고기를 먹었나.”란 말은 이처럼 건망증이 있는 사람을 놀릴 때 쓰는 말이다. 그럼 정말로 까마귀는 건망증이 있을까? 까마귀도 까치처럼 가을에 애써 겨울에 먹을 것을 양지바른 곳의 돌멩이나 마른 풀 사이 여기저기에 숨겨 두는데 끝내 그것을 일일이 다 못 거두고 마니, 건망증 있는 사람에게 까마귀 고기를 먹었냐는 것은 딱 들어맞는 말이 아닐 수 없다. 그리고 까마귀 집단은 리더가 없는 단순 집합체라 '오합지졸烏合之卒'이라는 말이 생겨났다. 그러나 솔개나 수리가 저희들의 세력권 안에 들어오면 주눅들지 않고 떼거리로 뭉쳐서 사력을 다해 거세게 휘어감고 몰아쳐 그 무서운 맹금류도 식겁하고 줄행랑을 치게 한다.

까마귀 검다 하고 백로야 웃지 마라.
겉이 검은들 속조차 검을쏘냐.
겉 희고 속 검은 이는 너뿐인가 하노라.

맞다. 이렇게 까마귀처럼 깃털이 검으면 살갗은 희고, 백곰같이 털이 희면 살가죽은 검어서 햇살 모음에 도움을 준다. 그리고 힘주어 말할 것은, 까마귀는 다 커서도 결코 멀리 가지 않고 계속 어미 가까이 머물면서 먹잇감을 물어다 어린 동생들을 먹이고 돌본다고 한다. 손수 어미를 먹이지는 않지만 어려움을 마다 않고 이토록 한몫 거들므로 '반포지효反哺之孝'를 다하는 거룩한 효조孝鳥요 반포조反哺鳥다! 말하자면 '까마귀의 은혜 갚음'은 그냥 하는 입에 발린 소리가 아니라는 것! 실로 까마귀의 색다른 행동을

꿰뚫어 본 더할 나위 없는 조상님들의 안목에 새삼 감탄할 뿐이
다. 한데 필자 또한 실로 '까마귀보다 못한 놈'에 진배없으니 이
일을 어찌 할꼬…….

잎줄기와 꽃은 천생 해바라기,
뿌리는 영락없이 감자인 뚱딴지

"난데없이 무슨 뚱딴지같은 소리냐."라고 할 때 쓰는 뚱딴지는 뭘까? 뚱딴지는 다름 아닌 돼지감자다! 이는 국화과 해바라기속에 드는 여러해살이풀로, 쉽게 말해 해바라기의 일종인 북미 원산의 귀화 식물이다. 키가 1.5~3미터에 달하고, 잎은 위로 갈수록 작아지고 좁아지며 뚱딴지처럼 아래줄기에 붙은 잎은 마주나고 윗부분의 것은 어긋나기 한다. 잎사귀 가장자리에 톱니가 있으며 양면에 꺼칠한 털이 한가득 난다. 역시 센털이 한가득 난 줄기 끝에는 가지가 갈라지며, 줄기가 무척이나 단단하여 곧추선다.

뚱딴지는 노란 꽃이 8~9월에 피고, 원줄기와 곁가지 끝자락에 해바라기 꽃보다는 작은, 지름 5~10센티미터 크기의 두상화

頭狀花가 달린다. 두상화는 꽃대 끝에 꽃자루 없이 작은 꽃이 많이 모여 피어 머리 모양을 이룬 꽃을 말한다. 해바라기나 뚱딴지나 다 같은 해바라기속이라 둥그런 꽃송이에는 씨가 맺히지 못하는 혀 모양의 헛꽃이 여남은 개 둘레에 열리고, 그 안에는 씨를 맺는 자잘한 참꽃이 여럿 들었으니 그 낱꽃은 10~20줄이 줄줄이 둘러 난다. 한마디로 '꼬마 꽃 해바라기'인 셈이다. 씨는 해바라기 씨보다 작고 익어도 터지지 않는 수과瘦果이다.

뚱딴지[Helianthus tuberosus]의 속명인 Helianthus는 그리스어로 '태양'을 의미하는 helios와 '꽃'을 뜻하는 anthos의 합성어이며, 종소명인 tuberosus는 크고 뚱뚱한 덩이줄기인 괴경塊莖을 뜻한다. 학명엔 언제나 그 생물의 특징이 들어 있는 법! 여기서도 속명은 태양을 향하는 '해바라기'의 의미가, 종소명엔 '덩이뿌리'가 들었다. 즉 하늘엔 해바라기 꽃, 땅엔 감자를 가진 이상야릇한 식물이 바로 뚱딴지다! 그리고 뚱단지의 땅속줄기 끝에 감자처럼 생긴 덩이뿌리가 여러 개 달려 있으며 이를 '뚝감자'라고도 하는데, 껍질이 매우 얇고 길쭉하거나 울퉁불퉁하며 생강 비슷하게 생겼다. 길이 7.5~10센티미터에 두께는 3~5센티미터로 흰색, 갈색, 붉은색, 자주색 등 색깔도 다양하다.

다시 말하지만 이렇게 줄기 끝에는 해바라기 꽃이 달렸고 잎과 줄기 또한 해바라기인데, 땅속엔 떡하니 감자가 열렸으니 어

찌 괴이하고 엉뚱하지 않은가? 꽃과 줄기, 잎이 하나도 감자같이 생기지 않았는데 감자 꼴을 한 덩이뿌리가 달려 있어 '뚱딴지'라는 이름이 붙은 것이렷다. 그리하여 행동이나 사고방식 따위가 엉뚱한 사람을 놀림조로 이르거나, 완고하고 우둔하며 무뚝뚝한 사람을 비꼴 때 이 말을 쓴다. 또 심술 난 것처럼 뚱해 붙임성이 적은 뚱뚱이, 뚱보를 뜻하기도 한다. 한편 뿌리를 사료로도 쓰기에 돼지가 먹는 감자라 하여 '돼지감자'라는 별명도 붙었다. 거듭 말하지만 가는 대궁에, 잎과 꽃송이가 작기는 하지만 키는 해바라기만 한 이 돼지감자를 보면서 '작은 꽃송이를 가진 빼빼 마른 해바라기'로 부르지 않는 사람은 없을 터다.

뚱딴지는 오랫동안 인디언 원주민이 식용으로 재배하였다고 한다. 17세기 초 프랑스에 전해진 후 식용 채소, 사료, 과당, 알코올의 원료로 쓰였으며, 세계 각지에서 널리 재배되고 있다. 환경 적응성이 강하고 대량 수확할 수 있으므로 식용보다는 생물 연료인 에틸알코올 생산이 유망하게 거론되고 있다 한다. 우리나라에는 가축 사료로 들여와 주로 묵정밭이나 밭가에 키운 재배종인데 지금은 마을 근처에 천지사방으로 퍼져 야생화로 자생自生하게 되었다. 처음에는 세력이 너무 좋아 말썽을 피울 것으로 알았으나 천연 인슐린insulin이라고도 부르는 이눌린inulin을 많이 함유하고 있다는 것이 알려졌다. 한방에서는 국우菊芋라 불리고 당뇨병에 탁월한 효과가 있는 약용 식물로 대접받고 있으며, 차나 막걸리의 원료가 되기도 한다. 특히 이눌리네이스[inulinase] 효소는 이눌린을 분해하여 과당을 생성하기 때문에 숙성 중에 단맛이 생기는데, 멧돼지도 그걸 알고 밭가 돼지감자 터를 난장판으로 만들어 놓기 일쑤다. 주로 덩이뿌리로 번식하기에 무더기 무더기로 떼 지어 모여나기 하며 일정한 간격을 두고 늘어선다.

감자는 줄기가, 고구마는 뿌리가 변한 것인데, 돼지감자는 뿌리가 변한 것이므로 그런 점에서 보면 '돼지고구마'가 더 옳다고 하겠다. 그런데 재배하기 위해서는 돼지감자 덩이를 감자 심듯이 잘게 조각조각 내 심는다고 하니 이런 점은 감자를 닮았다(고구마는 순으로 번식). 거름을 충분히 주고 잘 가꾸면 가을에 70~200개가 넘는 덩이를 수확한다고 한다. 꽃말은 미덕, 음덕이다.

참고로 같은 속의 해바라기[Helianthus annuus]의 종소명 annuus는 '한 해'라는 뜻으로 한해살이란 것을 일컫는다. 사실 해바라기가 늘 해를 따라가는 것으로 잘못 알기 쉽지만 실은 하루 종일 동쪽을 향하고 있다! 단, 꽃이 피기 전 어린 식물에서만 굴광성[屈光性]을 보인다. 굴광성은 태양에 따른 하루 주기로 구름이 낀 날에도 일어나는데, 잎 또는 줄기의 부착 부위에 쿠션 모양으로 부풀어 오른 부분인 엽침[葉枕]의 팽압 변화 때문에 방향을 트는 것이다.

한편 해바라기 꽃송이 속에 있는 나중에 씨가 될 가임성의 작은 낱꽃들은 나선형으로 배열되어 있는데, 하나와 다른 하나가 이루는 각은 황금각黃金角인 137.5도이며, 전체적으로 보아 한 방향으로 34개의 나선 줄, 다른 쪽으로 55개의 줄이 나타난다(큰 것은 89줄, 144줄). 이는 피보나치 수열Fibonacci numbers인데 정해진 꽃송이에 가장 효과적으로 많은 씨앗을 꾸려 넣을 수 있는 것. 수학과 생물이 만나는 피보나치 수열이다! 그러니 결코 뚱딴지라 비꼴 일은 아니다. 사람도 좀 괴짜라거나 뚱딴지같은 사람들이 세상을 바꾸지 않던가. 보통은 이기지 못하고 진다. 보통 사람은 보통 일밖에 이루지 못하더라. 안 그런가?

야 이놈아,
시치미 떼도 다 안다!

새가 새를 잡아먹는다! 이런 새를 맹금류^{猛禽類}라 부른다. 몸이 강건^{强健}하고 성질이 용맹하여 다른 새나 동물을 잡아먹는 새다. 부리와 발톱이 매우 날카롭고 꼬부라져 있어 다른 새를 낚아채거나 고기 살을 째기에 편리하고, 날개가 커서 대단히 빨리 날며, 날개 털이 보드라워 소리가 적게 나서 다른 새에 쉽게 접근할 수 있다. 올빼미나 수리 무리들이 바로 여기에 속하며, 수리 무리에는 참매, 참수리, 황조롱이 등이 있다.

새들도 사는 생태가 무척 다양하다. 그래서 그러한 새들의 생태에 맞게 텃새, 여름철새, 겨울철새, 나그네새, 길 잃은 새, 떠돌이새로 이름이 붙었다. 우선 텃새는 한자리를 지키면서 사는 새로, 주변에서 흔히 볼 수 있는 참새, 까치, 까마귀, 꿩 등이 속한다. 어느 CEO는 말했다. 제발 텃새가 되지 말고 멀리멀리 나는 철새가 되라고. 우물 안의 개구리가 되지 말라는 말이다. 텃새보다는 철새들의 삶이 힘들고 괴롭다는 것을 우리는 다 안다. 그렇다. 세상은 넓고 할 일은 많다! 그러나 이리 붙고 저리 붙는 꼴사나운 정치꾼 철새는 몹쓸 새다. 제발 부탁하노니 이 신성한 철새를 못난이 정치꾼에 비유하지 말기 바란다. 그리고 '해바라기 정치인'이란 말을 듣고 해바라기가 기분 나빠 머리 돌리기를 멈췄다고 한다. 동식물도 존경받을 자격이 있다는 것 잊지 말지어다!

철새에는 여름철새와 겨울철새가 있다. 번식지와 월동 장소를 오가는 새들로 알래스카, 시베리아 등지에서 가을에 번식하고 우리나라에서 월동하는 조류를 겨울철새라 하고, 이른 봄 동남아 등지에서 날아와 우리나라에서 번식하고 가을철 남녘으로 남하하는 조류를 여름철새라고 한다. 겨울철새는 단지 추위를 피해 온 것이고, 여름철새는 우리나라에서 번식을 한다는 점이 크게 다르다. 여름철새는 백로, 소쩍새 등 숲새가 주를 이루고 겨울철새는 청둥오리, 두루미 등 물새가 대부분이다. 이러한 철새 중에는 나그네새라는 것도 있다. 우리나라에 계속 머물지 않고 잠깐 머무는 철새들이다. 그래서 통과조通過鳥라고 부르기도 한다.

한편 길 잃은 새, 미조迷鳥도 있다. 태풍이나 폭풍우 때문에 제

무리로부터 떨어져 나와 우리나라로 잘못 찾아온 새다. 마지막으로 나라 안에서 이동하는 떠돌이새, 표조漂鳥가 있다. 굴뚝새는 가을과 겨울에는 우리 주변에 있다가 봄이 되면 새끼를 기르기 위해 높은 산으로 올라간다. 반대로 동박새는 여름철에는 높은 산에서 지내다가 겨울이 오면 동백나무의 꿀을 먹으러 내려온다.

이제 본론으로 와서, 매에는 참매, 새매 등 여럿이 있는데 이 중 참매에 대해 살펴보자. 참매는 몸길이 48~61센티미터이며, 몸의 윗면은 푸른빛이 도는 회색이다. 아랫면은 흰색 바탕에 잿빛을 띤 갈색 가로무늬가 빽빽하게 얼룩져 있다. 이러한 맹금류들의 눈은 닮고 싶을 만큼 매섭고 예리하다. 우리나라에서는 예로부터 꿩을 잡을 때 썼다는데, 단독 또는 암수가 함께 살며 날아가는 먹이를 낚아채는 것이 특징이다. 먹이는 주로 작은 포유류와 조류로, 그것들을 잡을 때는 날개를 퍼덕이거나 기류를 타고 날다가 먹이 가까이에 이르면 다리를 쭉 뻗어 예리한 발톱으로 낚아채듯 잡는다. 잡은 먹이는 날카로운 부리로 찢어 먹고 소화되지 않는 털이나 뼈 같은 것은 토해 버리는데, 그것을 펠릿pellet이라 한다. 잡목림의 높은 나뭇가지에 둥지를 틀고 5월 상순부터 6월에 걸쳐 두서너 개의 알을 낳아 36~38일 동안 품는다. 새끼는 41~43일 동안 먹이를 받아먹다가 둥지를 떠난다.

매사냥 이야기다. 옛날에는 날아다니는 매를 잡아 길들여서 꿩을 잡았다. 매사냥에 쓰인 새가 바로 참매로, 삼국시대부터 행해졌다고 한다. 보통 사냥매를 '송골매'라고 부르고, 새끼 때부터 길들인 1년짜리 것을 '보라매'라고 부른다. 매를 직접 날리는 사람을 매꾼, 나무를 떨거나 소리를 질러 날짐승을 몰아 주는 사람을 털이꾼이라고 부른다. 사냥을 나가기 전날에는 매의 가슴을 계속 쓰다듬어 준다고 한다. 날짐승들은 가슴이 제일 약하기 때문에 가슴을 쓰다듬으면 신경이 곤두서서 더 날렵해지기 때문이란다. 사냥꾼이 팔뚝에 매를 앉히고 산마루에 오르고, 털이꾼 네댓 명이 그 뒤를 따른다. 먼저 털이꾼들이 작대기를 두드리며 소리를 치면 숨어 있던 꿩이 날아오른다. 그러면 털이꾼들은 "애기야!" 하고 소리를 지른다. 매꾼의 팔뚝에 앉아 있던 매는 그 소리를 듣고 꿩을 쫓아 쏜살같이 날아간다. 그럼 매가 꿩을 잡아서 어디로 날아갔는지는 어떻게 알까? 다 장치를 해 놨으니, 매의 꼬리에 묶어 놓은 방울 울리는 소리를 듣고 안다고 한다. 그런데 빨리 쫓아가지 않으면 사냥을 잘하게 하기 위해 굶겨 놓아 배고픈 매가 꿩을 다 잡아먹어 버리기 때문에 방울 소리가 들리면 숨 가쁘게 매를 찾아 달려가야 한다.

그럼 매 방울은 어떻게 만들어 달까? 매의 꼬리깃 12개 중 6, 7번이나 그 근방에 고니나 거위의 흰 깃털과 2개의 방울 그리고 시치미를 함께 단다. 시치미는 네모꼴로 얇게 깎은 쇠뿔에 매 주인의 이름과 주소를 새긴 꼬리표이다. 옛날에 매사냥이 널리 퍼져 있었을 때에는 남의 매를 훔쳐 시치미를 떼고 짐짓 모른 체 자기 시치미로 바꿔 다는 수가 흔했다는 것. 그래서 그 뒤로 "시치미를 떼다."라는 말은 자기가 하고도 하지 아니한 체하거나 알고 있으면서도 모르는 체할 때 쓰는 말이 되었다. "떡 먹은 입 쓸어 치듯"이란 떡을 먹고도 안 먹은 것처럼 입을 쓸어 내며 시치미를 뚝 뗀다는 뜻이고, "손자 밥 떠먹고 천장 쳐다본다."란 겸연쩍은 일을 해 놓고도 모르는 척 시치미 떼는 경우를 이르는 말이다.

매를 놓아 사냥하는 일은 방응放鷹이라고 하고 그 기술은 응술鷹術이라 한다. 고려시대와 조선시대에는 궁중 안에 응방鷹坊이란 관청을 두기도 했다고 한다. 오늘날에는 일부 나라를 제외하고는 매사냥이 거의 자취를 감춰 버리고 말았는데, 우리나라에는 아직 몇 사람의 독보적인 매꾼이 남아 있다고 한다. 한편 매는 아주 고집스러운 새인데, 고집을 심하게 부리는 사람에게 흔히 쓰는 '옹고집'이라는 말도 '응鷹고집'에서 생겨난 것이란다. 그나저나 매사냥이 얼마나 신나고 재미있으면 '일응이마삼첩一鷹二馬三妾'이란 말이 생겼겠는가. 그 뜻이 무엇이냐 하면, 남자가 즐기는 것 가운데 첫째가 매사냥이요, 둘째는 말타기요, 셋째는 첩을 들이는 것이라는 뜻이다. 옛사람들이 매사냥을 얼마나 좋아했는지 짐작할 수 있는 대목이다.

지네 발에
신 신긴다

발이 많은 지네도 넘어져 구를 때가 있다는 뜻으로, 조건이 다 갖
추어지거나 충분한 능력이 있는 사람이 예기치 않은 사고를 낼
때 "지네도 굴 때가 있다." 또는 "지네도 넘어질 때가 있다."라고
한다. 발이 많은 지네 발에 신발을 신기려면 힘이 드는 것처럼,
자식을 많이 둔 사람이 자식들을 위해 애를 쓴다고 할 때에는
"지네 발에 신 신긴다."라고 한다. 또 "침 먹은 지네"란 할 말이
있는데도 못 하거나 겁이 나서 기를 펴지 못하고 꼼짝 못하는 사
람을 비유적으로 이르는 말로 "꿀 먹은 벙어리"나 "벙어리 냉가
슴 앓듯"과 비슷한 말이다. 검붉은 지네의 몸색깔은 무시무시한
경계색에다 수분 증발을 막게끔 겉껍질에다 왁스 성분을 잔뜩 발

라 놓아 몸이 번쩍거리니 더더욱 무섭다. 그런데 모골이 송연해지는 그 무서운 지네를 닮은 '지네머리'를 땋고 있는 여인은 왜 아리따울까?

지네는 절지동물로 '입술 모양의 다리'를 가진다고 하여 순각류脣脚類라 부르며, 한자어로 오공蜈蚣, 토충土蟲, 백족百足이라 한다. 이 중 백족은 발이 100개가 된다는 말로, 영어에서 지네를 centipedes라 하는 것과 일맥상통한다. 왜냐하면 centi는 100이요, pedes는 발이라는 뜻이기 때문이다. 이처럼 동양이든 서양이든 보는 눈은 같으니 참 재미있다. 아무튼 지네는 몸마디가 발달하여 종류에 따라 적게는 15마디부터 많게는 191마디나 되는 것도 있다고 한다.

우리나라 지네 중 가장 큰 왕지네[*Scolopendra subspinipes*]는 '베트남 지네'란 별명을 가졌는데, 21개의 몸마디마다 다리가 한 쌍씩 붙어 있어 다

리가 모두 42개이다. 몸은 길쭉하고 등과 배 쪽은 평평하며, 머리
에는 한 쌍의 더듬이와 원시적인 겹눈이 있고 머리 양옆에 4개의
홑눈이 있으나 시각 기능을 거의 하지 못한다. 큰 것은 15~20센
티미터나 되는데, 머리는 황적색이고 등판은 푸르뎅뎅하거나 거
무스름하며, 다리는 노란색 또는 주황색이다. 입에는
다리가 변한 턱다리가 있고 그 끝에 날카로운 발톱
이 있어 먹이를 잡거나 방어용 무기로 쓰며 독선^{毒腺}
과 연결되어 있다. 지네 독은 강해서 사람이 물리
면 격렬한 통증을 느끼며 부어오르고 고열이 나
지만 일반적으로 생명에는 지장이 없다. 이들은
주로 곤충류, 거미류, 때로는 개구리 등 작은
동물도 잡아먹는다. 우리나라, 일본, 동남아
에 주로 많이 분포한다.

　지네는 야행성이고 음습한 곳을 좋아
하며 흙속이나 가랑잎 아래, 돌 밑,

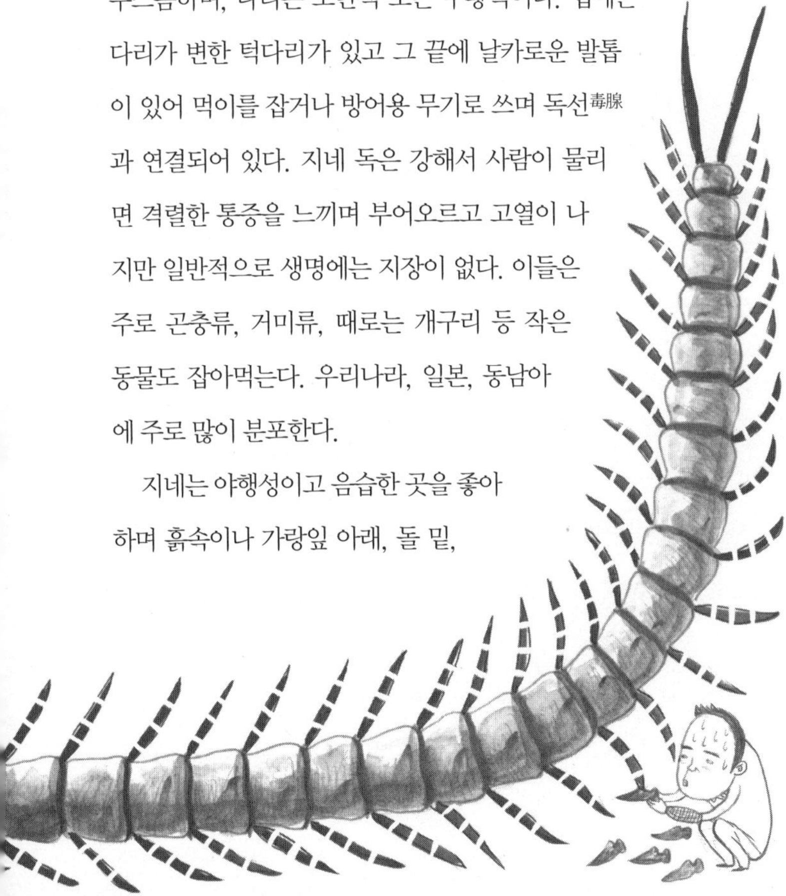

죽은 나무둥치 등에 산다. 열대우림지방부터 사막까지 살지 않는 곳이 없으니 주위 환경에 꽤나 잘 적응한 동물이다. 세계적으로 3000여 종이 있고, 약 4억 2000만 년 전에 지구에 태어났다고 하니 우리의 대형大兄임에 틀림없다. 암수딴몸으로 대개 암놈이 수놈보다 덩치가 크고 다리 수도 더 많다. 어릴 때는 몸마디가 몇 개 안 되지만 커 가면서 몸마디 수도 늘어난다.

어릴 적에 장마철이면 으레 사랑방에서 낮잠을 잤는데 잠결에도 스르륵거리는 발소리가 들렸다. 사실 방 벽에 달라붙어 기어가는 지네는 어떻게 잡을 도리가 없다. 아예 포기하고 멍하니 쳐다만 볼 뿐. 아니다. 겁이 나서 쩔쩔맨다는 말이 맞다. 두렵게 느껴지는 흉측한 색깔도 그렇지만 지네를 죽이면 앙갚음 당한다는 이야기가 머리에 꽉 박힌 탓도 있다. 선입견을 떨쳐 버리기 어려운 것. 수놈 지네를 죽였더니 밤에 암놈 지네가 기척 없이 몰래 와 앙갚음한다는 이야기는 드라마 「전설의 고향」에도 나왔다. 아무리 미천하고 하찮은 생명도 고귀하고 아름답지 않은 것이 없으매, 생명을 귀하고 예쁘게 여겨 함부로 죽이지 말아야 한다는 불살생不殺生을 가르쳐 주는 것이리라.

한편 닭은 지네만 봤다 하면 사정없이 쪼아 먹는다. 부리로 머리를 물고는 땅바닥에 콕콕 찧어 죽인 다음 고개를 치켜들고 꿀꺽 삼킨다. 이처럼 지네와 닭은 상극이라 서로 죽기 살기로 달려

드니 ‘오공대계蜈蚣對鷄’란 말이 생겨났고, “지네 오줌 눈 닭고기 먹으면 죽는다.”라는 말도 있다. 그래서 닭을 잡으면 맨땅바닥에 놓지 말라고도 한다. 지네가 오줌을 싼다고 말이지. 믿거나 말거나! 그러기에 지네를 잡을 땐 먹다 남은 닭뼈를 쓴다. 지네는 육식을 하는데 주로 지렁이를 잡아먹는다. 지렁이가 많은 곳은 뭐니 뭐니 해도 밤나무 밑만 한 곳이 없다. 모가지가 좁은 작은 항아리에다 닭뼈를 몇 조각 집어넣고는 밤나무 아래에 항아리 주둥이가 땅바닥에 닿게 묻어 둔다. 하룻밤 지나 항아리를 들어 보면 그 속에는 우글우글, 오글오글 지네가 한가득! 목이 휘 굽어 있으니 일단 안에 든 놈은 통발에 걸리듯 기어 나오지 못하고 발버둥만 친다.

약재시장에 가면 말린 지네를 가지런히 한 뭉치씩 묶어 놓은 것을 볼 수 있다. 가루 내어 먹기도 하고, 술을 담가 먹기도 할뿐더러 오골계와 지네를 같이 삶아 먹기도 한다는데, 주로 허리 아픈 사람들이 먹는 것으로 알려져 있다. 예로부터 경기, 파상풍, 경련, 신경통, 관절염 등에 썼고, 지네를 기름에 담가 두고 외상이나 화상을 입었을 때에도 발랐다고 한다.

지네 암놈의 새끼 사랑 이야기다. 암수가 체내수정을 하지는 못한다. 대신 수놈이 정자를 쏟아 모은 정자 꾸러미를 암놈 가까이에 놓아두고 춤추듯 몸을 흔들면서 꼬드기면 암놈이 머뭇거림없이 그것을 집어 올려 질에 집어넣는다. 암놈이 몸을 광주리 모양으로 구부려 50~80개의 알을 품어 보호하며 그동안에 알을 핥아 주어 곰팡이에 감염되는 것을 막기도 한다. 알을 품는 기간은 약 30일이며, 애벌레는 허물벗기를 한 번 한다. 그 뒤 1년에 한 번씩 허물벗기하며 서너 번 허물벗기를 끝내면 성체가 되는데 그렇게 10년을 너끈히 산다. 게다가 알에서 나온 새끼를 그냥 보내지 않고 얼마 동안 보호하기도 한다니 살가운 지네의 모정이라 하겠다. 그 무섭고 사나워 보이는 지네도 자식에게는 다정한 어머니다. 고슴도치도 제 새끼 털은 함함하게 여긴다고 하듯이 생물치고 자식에게 곡진한 사랑을 베풀지 않는 생물이 어디 있으랴. 생존과 종족 보존을 위해 다들 그렇게 어렵고 힘든 세상을 살아가는 것이렷다.

구불구불
아홉 번 굽이치는 구절양장

'구절양장九折羊腸'이란 아홉 번 굽어진 양의 창자를 비유적으로 말하는 것인데, 산길이 꼬불꼬불하고 험한 것 또는 세상이 복잡하여 살아가기 어려움을 나타낸다. 비슷한 표현으로 '구곡양장九曲羊腸'이 있다. 그와 유사한 '구곡간장九曲肝腸'은 굽이굽이 서린 창자라는 뜻으로 깊은 마음속 또는 시름이 쌓인 심정을 빗대어 이르는 말이다.

어? 그런데 인천국제공항 출국장에서 구절양장을 만나다니? 도둑이 제 발 저리다지만 난 죄지은 일 없는 사람인데……. 언제나 겪는 일이지만 괜스레 긴장하여 출국장 입구에만 서면 괜히 주눅들고 기죽고 의기소침해지니 알다가도 모를 일이다. 여권과 비행기 표를 확인받고는 슬금슬금 앞사람의 뒤를 바싹 따르니 말 그대로 사람들이 꼬리에 꼬리를 문다. 한시름 놓고는 여기저기를 살피는데 앗! 내가 동물의 창자 속에 든 음식덩이인 것을 새삼 발견한다. 왼쪽으로 한참을 가다가는 오른쪽으로 굽이돌고, 그렇게 여러 굽이를 돌고 또 돈다. 그렇다! 한 줄로 바로 서기보다는 꼬불꼬불 서므로 단위 면적에 훨씬 많은 사람이 설 수 있다. 사람이나 양이나 창자는 모두 꾸불꾸불하여 좁은 배 속에 긴 창자 꾸러미를 집어넣는다. 뱀이 똬리를 틀거나, 사리 지어 뭉쳐 놓은 실이나 노끈 따위의 타래 뭉치도 같은 원리다.

육식하는 호랑이와 사자의 창자는 2~3미터, 잡식하는 사람은 약 7.5미터, 순수하게 초식만 하는 양의 창자는 전체 길이가 15미터를 조금 넘는다. 양의 몸길이가 보통 1.2~1.6미터이니 제 몸길이의 열 배가 족히 넘는 창자가 그 작은 배 속에 들어 있다는 말씀. 육류는 소화가 잘 되기에 창자가 짧아도 되지만 풀을 주식으로 하는 양과 같은 동물은 창자가 거의 긴 빨랫줄이다. 그래서 육식을 많이 하는 서양 사람들과 주로 초식을 많이 하는 나라의 사람들을 비교해 보면 창자 길이에 차이를 보인다고 한다.

양은 소과에 들고 발굽을 가진 유제류有蹄類이며, 되새김위를 가진 반추 동물反芻動物이다. 양, 염소, 노루, 사슴, 소, 들소, 돼지처럼 뾰족한 발굽이 둘인 것을 우제류偶蹄類, 말처럼 하나이거나 코뿔소같이 셋인 것을 기제류奇蹄類라 한다. 발굽이란 발가락 끝을 딱딱하고 두꺼운 각질인 발톱이 둘러싼 것으로 평생 천천히 계속 자라며, 발굽 동물은 아예 발톱 끝으로 발돋움하여 걷고 뛴다. 사람 중에도 시종 발톱으로 디디고 서서 날뛰는 이가 있으니 발레 무용수들로, 이들은 천생 유제류를 닮았다.

반추 동물은 모두 위胃가 네 방으로 나누어졌으니 혹위, 벌집위, 겹주름위, 주름위로 여기서 섬유소를 발효시켜 분해한다. 그리고 토끼는 물론이고 말, 돼지같이 되새김위가 없는 동물들은 반추위反芻胃 대신 커다란 막창자라 부르는 맹장盲腸이 발효 탱크다. 그런데 풀의 주성분인 섬유소를 분해하는 효소는 소나 양, 사람까지 어느 동물도 가지고 있지 않다. 즉, 초식 동물은 반추위나 맹장 중 그 하나를 가지며 거기에는 수많은 세균이나 미생물들이 어마어마하게 살고 있어 이들 공생 미생물들이 섬유소 분해효소를 분비한다. 공생 미생물이 분해효소인 셀룰레이스cellulase를 분비하여 셀룰로스cellulose를 셀로비오스cellobiose라는 조금 간단한 이당류로 분해하고, 잇따라 셀로바이에이스cellobiase라는 효소가 셀로비오스를 단당류인 포도당으로 자른다. 이렇게 미생물들이 반추위나 맹장을 삶의 터전으로 삼아 살아가면서 복잡한 다당류를 단당류로 분해하여 숙주 동물에 귀중한 양분을 제공한다. 이보다 더 좋은 공서共棲, 공생共生이 없다. 세상에 공짜는 없는 법!

양[*Ovis aries*]은 원래 야생종이었으나 애지중지 품종 개량을 한 것이다. 보통 몸길이는 120~180센티미터, 꼬리길이는 7~15센티미터로 작달막하다. 가느다란 코와 곧추선 귀를 가지고 있으며, 암수 모두 뿔을 가지고 있지만 암놈의 것은 좀 작다. 염소와 달리 꼬리에 분비선이 없고, 눈 바로 앞에 냄새를 물씬 풍기는 안하선眼下腺, 사타구니에 서혜선鼠蹊腺, 발굽 사이에 제간선蹄間腺이 있어 영역 표시를 하며 때에 따라서는 짝을 꼬드기기도 한다.

애교스러운 양은 본디 겁쟁이로 매우 민감하고 민첩하며 귀가 매우 밝다. 수직 눈동자를 가져 주변을 잘 살펴 시계視界가 270~320도로 고개를 돌리지 않고도 뒤를 볼 수 있다. 무리를 지으며 그중에는 반드시 대장이 있어 시시때때로 일제히 한곳으로 거세게 몰아치기도 하며, 아주 공격적이라 먹이를 먹는 데에도 닭처럼 순위가 매겨져 있다. 사람이나 동물이나 약한 것들은 다 그렇게 떼를 지어 일사분란하게 앞다퉈 목숨을 걸고 덤빈다. 털색은 흰색, 검은색, 갈색, 붉은색 등이 있고, 울음소리가 좀 방정스럽게 들리지만 눈썰미가 밝아 주인도 척척 알아본다.

발정기의 수소가 그러듯이 숫양도 암양의 생식기에 주둥이를 댄 후에 입을 벌리고 윗입술을 말아 올리는 행위를 한다. 대개 양과 염소는 그놈이 그놈이라 하겠지만 그들은 피가 다르기에 합궁시켜도 좀체 새끼를 낳지 못한다. 양과 염소를 간단히 구분하자면, 염소 꼬리는 짧고 위로 곤두서지만 양의 꼬리는 길면서 아래로 처지고, 염소는 윗입술이 단단하지만 양은 윗입술이 갈라졌으며, 염소는 몇 가닥의 수염이 있으나 양은 수염이 없다. 사람에서도 턱에 기른 얼마 안 되는 수염을 '염소수염'이라 하는 까닭이 거기에 있다. 그리고 염소는 염색체가 60개이고 양은 54개이며, 염소는 뿔이 곧지만 양은 굽어 감겼다. 또한 염소는 먹이를 먹을 때도 성글게 거리를 두지만, 양은 시끌벅적 바투 뒤엉키는 군서본능群棲本能이 있어서 외딴곳에 따로 떼어 놓으면 스트레스를 받는다고 한다.

어쨌거나 아흔아홉 구비 구절양장 같은 대관령의 옛길, 질곡의 구곡간장 인생길도 종점에 다다르고 보니 마냥 아쉽고 안타깝다. 더 착하고 더욱 올곧게 살지 못한 것이 후회막심하도다!

눈을 보면
뇌가 보인다

단도직입적으로 물어보자. 사람의 눈알 크기는 어느 정도일까? 어느 물체와 비슷할까? 답은 아주 간단하다. 탁구공만 하다. 통통 튀는 그 공만 한 것이 양쪽 눈에 깊숙이 틀어박혀 있다. 사람 눈의 지름은 2.4센티미터, 무게는 7그램이다. 사람 눈이 이 정도면 소의 눈은 얼마나 클까. 소처럼 눈이 큰 사람은 마음이 넓다고 하던가. 어쨌든 눈빛이 맑으면 마음도 맑은 법!

눈은 속일 수가 없다. 어떤 사람의 눈을 보면 단박에 그 사람의 마음을 읽을 수가 있다. 그래서 눈은 마음의 창窓이라 부르는 것. 정이 배어 있는 눈, 살기가 넘치는 눈, 덕기德氣가 녹아 있는 눈……. 그래서 흔히 눈으로 말한다고 하지 않던가. 가끔은 눈이

도전을 위한 무기가 된다. 처음 만난 사람끼리도 무언無言의 눈싸움이 벌어진다. 결국 둘 중의 한 사람이 눈을 피하게 되는데, 나라를 대표하는 수상이나 대통령끼리도 이런 일이 벌어진다. 눈싸움에서 지면 그 회담도 끝장난다. 목소리에도 지능이 묻어 나오는데 어찌 눈을 속일 수가 있겠는가. 눈에서 그 사람의 마음을 읽는 거야 누워서 떡 먹기지. 그럼 마음은 과연 뇌腦에 있는가 아니면 심장心臟에 있는가? 누가 뭐래도 마음은 뇌, 즉 신경 뭉치인 머리인 것이요, 근육 덩어리인 심장은 생각하지 못한다. 그러니 눈에서 마음을 읽는다는 말은 지극히 옳다.

눈은 뇌이기 때문에 눈을 보면 그 사람의 지능까지도 알 수 있다. 눈이 뇌의 일부라고 하면 믿지 않을지도 모른다. 그러나 맞다. 태아의 눈이 만들어지는 발생 과정을 보면, 전뇌前腦에서 시작하여 안포, 안구, 수정체, 각막의 순서로 만들어져 나온다. 물론 뇌는 모두 딱딱한 두개골로 둘러싸여 있지만 앞쪽에 생겨난 2개의 구멍으로 뇌 일부가 뚫고 나와 자리를 잡은 것이 눈이다. 그러므로 눈이 뇌요, 뇌가 눈인 것!

사람의 경우 외부에서 오는 자극의 90퍼센트 이상을 이 눈에 의존한다. 개나 쥐가 주로 코나 귀를 쓰는 것과는 다르다. 그러니 안경이라는 것을 너도나도 쓴다. 뚱딴지같은 생각인지 몰라도 사람의 미美의 핵심은 과연 어디에 있을까? 요즘 말로 쭉쭉빵빵한 몸매일까? 아니면 삼단 같은 머리카락? 쭉 뻗은 각선미? 그것도 아니면 토실토실한 궁둥이? 물론 다 아름다운 것들이지만 아니다. 그것들은 모두 겉의 미이다. 진짜 아름다운 속의 미는 분명 눈, 눈매에 있다! 늙은 노인의 정감 넘치는 덕스러운 눈, 젖먹이를 내려다보는 젖 물린 어머니의 눈, 사랑하는 이들의 '사랑의 화살'이 마주치는 촉촉한 그 눈! 얼마나 아름다운가. 초롱초롱한 학생들의 그 눈매의 아름다움 또한 이루 표현이 불가하다. 그런데 그중에서도 특히 더 어여쁜 학생들이 따로 있으니, 책을 많이 읽어서 눈에 강렬한 눈빛, 안광眼光을 쏟아내는 영롱한 눈을 가진 학생들이다. 눈을 보면 그 사람의 독서량도 보인다. 모름지기 책을 읽을지어다.

눈 제일 가운데에는 눈동자가 있고, 그 둘레에는 인종마다 조금씩 다른 색을 띠는 홍채가 있으며, 그 바깥에는 흰자위가 있다. 유독 우리 사람의 흰자위가 희다는 것에 유의하여 다른 동물의 눈자위를 보시라. 크게 보아 눈알의 가운데에 동그란 검은색, 그 밖이 흰색이다. 다시 그 흰색 둘레에 검은 칠을 했다면 눈이 훨씬 돋보이게 된다. 그래서 여성들이 눈두덩에 눈 그림자 아이섀도 eye shadow를 칠하는 것이다.

거울에 눈동자를 비춰 보자. 무슨 색인가? 물론 검다. 그러면 서양 사람들의 눈동자는 무슨 색깔인가? 역시 검다. 모든 인종은 눈동자의 색이 새까맣다. 눈알의 안쪽에 있는 망막이 검기에 그 것이 반사되어 나온 검은색이다. 그렇다면 '갈색 눈동자'란 말은 맞는 말인가? 어디 세상에 눈동자가 갈색인 돌연변이 인간이 있

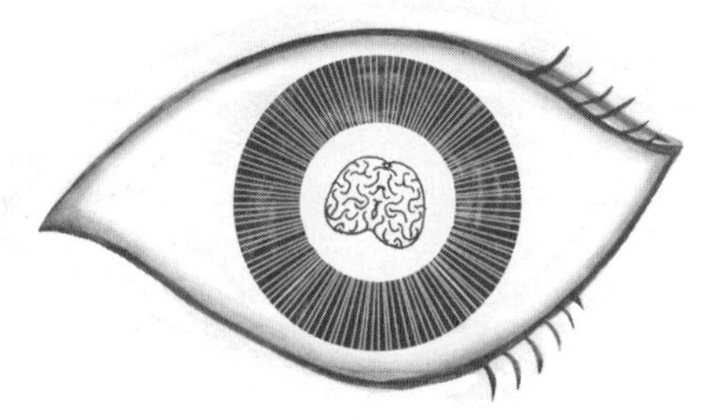

담? 눈이 푸른 사람들은 어디가 푸른지 유심히 보면 거기에 정답 이 있다. 실은 눈동자의 외각을 둘러싸고 있는 홍채가 푸르거나 갈색이다. 그래서 '갈색 눈동자'가 아니라 '갈색 홍채'라고 해야 맞다. 뭐, 서양 사람들을 닮겠다고 푸른색 렌즈를 낀다고? 미쳤 다! 차라리 유전자를 바꾸지? 그러나 유전자는 바꿀 수 없다. 그 래서 혈액형도 바꿀 수 없다.

　'순간瞬間'이란 눈 한 번 깜짝하는 사이, '순식간瞬息間'이란 눈 한 번 깜짝하고 숨 한 번 쉬는 짧은 시간을 뜻한다. 거울을 다시 보 자. 양 눈의 안쪽 구석을 잘 살펴보자. 붉고 작은 살점이 붙어 있 을 것이다. 그것을 순막瞬膜이라 하는데, 그것은 흔적기관으로

옛날에는 눈을 감으면 새처럼 눈알이 얇은 막으로 덮이고, 눈을 뜨면 막이 열렸으나 지금은 퇴화되어 흔적만 남았다. 거울을 보는 김에 아래 눈꺼풀을 손으로 밖으로 감아서 구석 자리를 보자. 작은 구멍이 뚫려 있는 것을 볼 수 있을 것이다. 눈물관이라는 것이다. 눈알에 넘치는 눈물은 그 구멍을 타고 코로 흘러 내려가고, 그것이 흘러가는 관을 비루관鼻淚管이라 한다. 늙으면 이 눈물관이나 비루관이 막혀 버려 여분의 눈물이 그리로 흘러 내려가지 못하니 얼굴로 넘쳐흐르게 된다. 그래서 나와야 할 곳에서는 안 나오고, 나오지 말라는 곳에서 쓸데없이 나온다고 비유를 하는 눈물이다. 참고로 두 눈동자를 양쪽 안 구석으로 몰아 뜰 때는 '모들 뜨다'라고 한다.

우리는 눈을 쉼 없이 2~10초 간격으로 깜박인다. 눈물을 나오게 하는 것이다. 눈물은 단순히 0.9퍼센트의 소금물이 아니다. 우리의 침, 콧물에도 있는 라이소자임lysozyme이라는 물질이 들어 있어서 다른 병원균을 죽인다. 그래서 벌레에 물리면 침을 쓱 바른다. 감기로 흘리는 콧물도 바이러스를 죽이고 씻어 내는 것. 사람이 만드는 진물이 다른 동물에게는 무서운 독이다. "침 먹은 지네"라는 속담이 있듯이 무서운 지네도 침이라는 사람의 독에는 맥을 못 춘다.

우리 눈은 0.1밀리미터 이하의 크기는 보지 못한다. 그것이 눈의 해상력이고 한계다. 만약 시력이 아주 좋아서 공중의 먼지가 100배로 크게 보였다면 우리는 아마 눈을 뜨지 못할 것이다. 콩알만 한 것이 둥둥 가득 떠 있으니 말이다. 냉면에 바글거리는 대장균이 올챙이만 했다면 누가 그걸 먹겠는가. 그것보다 냉면 사리 한 가닥이 동아줄만 하니……. 필자가 좋아하는 말, 과유불급過猶不及이로다. 넘치는 것은 모자람만 못하다. 기막힌 우리 눈의 구조와 기능에 탄복하지 않을 수 없구려. 이 몸을 주신 어머니, 아버지 참 고맙습니다!

가재는 게 편이요,
초록은 동색이라

가재는 절지동물 십각목十脚目 가잿과의 갑각류로 길이가 약 5센 티미터쯤 되며, 산골짜기 개울이나 실개천 등 최고로 깨끗한 1급 수에만 산다. 가재가 사는 물은 그냥 마셔도 괜찮다는 말씀. 그런 데 민물가재와 바닷가재는 서로 너무나 빼닮았으니, 생물은 처음 바다에서 생겼다는 말을 믿게 한다. 분명 바닷가재가 슬금슬금 민물로 기어 올라와 민물가재가 되었다고 하겠다. 그런데 새우나 게 따위의 맛을 비교하면 민물의 것보다 바다의 것이 모두 훨씬 더 맛있다. 갑각류 말고 생선도 바다 것들은 살이 쫄깃쫄깃한 것 이 입에 착착 달라붙는데 민물 것은 살도 적고 맛도 밍밍하고 심 심하다. 왜 그럴까? 바다 생물은 고농도의 짠물에 살기 때문에 몸에 단백질, 지방과 같은 양분을 많이 저장해야 농도차를 이겨 낼 수 있지만, 농도가 옅은 민물 생물은 저장하는 양분의 농도가 낮아서 그렇다.

"가재는 게 편"이라는 말은 모양이나 형편이 서로 비슷하고 인연이 있는 것끼리 서로 잘 어울림을 일컫는데, '유유상종類類相從'이나 "초록은 동색"과 통한다. "도랑치고 가재 잡는다."는 말은 개울을 쳐서 논에 물도 대고 가재도 잡듯이 한 가지 일을 하고도 두 가지 소득을 얻었을 때를 말하며, "꿩 먹고 알 먹는다."와 맞먹는 말이다. '일거양득一擧兩得'이요, '일석이조一石二鳥'이니 재수 좋다!

가재[Cambaroides similis]의 몸색깔은 불그스름하거나 회색을 띤 갈색이고 주변 환경에 따라 보호색을 띠며, 머리와 가슴 부위가 합쳐진 머리가슴과 배로 되어 있다. 가재는 세계적으로 12속 1000종이 넘으며, 오스트레일리아 남동에 있는 타스마니아 Tasmania 섬의 한 종은 무게가 무려 3킬로그램이나 된다고 한다. 거참, 푸짐하게 먹을 만하겠다! 가재는 다른 갑각류에 비해 배가 큰 편이다. 두 쌍의 더듬이가 있고, 다리는 다섯 쌍이라 합치면 다리가 10개가 되니 십각목이라 부른다. 제일 앞다리는 아주 커져서 집을 짓거나 먹이를 잡는 집게발로 바뀌었고 나머지는 걷는 다리이다. 새우도 그렇지만 머리 앞쪽 가운데 공격용인 뾰족한 이마 뿔이 하나 튀어나와 있다. 게가 옆으로 걷는다면 가재는 뒤로 걷는 것에 명수名手여서 '가재 뒷걸음'이란 말이 생겼으며, "가재 뒷걸음이나 게 옆걸음이나."라고 하면 가재가 뒤로 가는 것이나 게가 옆으로 가는 것이나 둘 다 앞으로 바로 가지 않는 것은 매일반이라는 피장파장의 뜻이다.

칼슘과 산소가 많은 물이나 땅 밑에서 솟아오르는 용수湧水에 잘 살고, 주기적으로 허물벗기(탈피)를 하는데 그때마다 제 껍데기를 기어이 남김없이 다 먹어치운다. 바위나 돌 밑에 굴을 파고 살아 돌게라는 뜻의 석해石蟹라고도 불리며, 죽은 고기나 다슬기, 물달팽이, 올챙이, 수서 곤충 등을 잡아먹는 육식성이다. 암수딴몸으로 체내수정을 하며, 수놈은 작은 돌기인 교미기交尾器를 배 중간 부분에 달고 있다. 암놈은 수정란을 낳아 그것을 배에 빼곡히 붙여 어린 새끼가 될 때까지 돌본다.

시골 생활에서 가재는 만만찮게 등장하는 단골손님이었다. 녀석들은 깊게 굴을 파 집 앞에 집어낸 자잘한 모래로 둥그렇게 쟁반 같은 모래성을 쌓는다. 낮에는 굴속에서 지내다가 밤에 주로 활동하여, 가재를 잡으려면 횃불을 들고 나가 먹이를 찾으러 나온 청맹과니나 다름없는 가재를 주섬주섬 그냥 담으면 되었다. 필자는 고기잡이에 숙맥菽麥인지라 고기 들통 들고 허겁지겁 뒤따라 다니기에 바빴지만 말이다.

시장이 반찬이라고 배고프고 목마르면 음식이 맛있다. 옛날에는 가재를 잡아 간장에 자박자박 조려 먹었으니 끼니도 잇기 어려운 때에 가재는 매우 훌륭한 단백질 공급원이었다. 껍질째 아작아작 씹어 먹으면 고소한 것이 아주 감칠맛이 났다. 그런데 가끔은 집게다리 하나가 없는 녀석이 잡히기도 했다. 아마도 쌈박질하느라 그랬을 터인데, 우리는 "자식, 다리 떼 주고 술 사 먹었군." 하며 웃어넘겼다. 한데 필자가 어릴 적에는 가랑이 찢어지게 못살았으니 용茸 빼는 재주가 없다. 홍역에 걸리면 열꽃이 피고 고열이 나는데 해열제로 기껏 민물가재나 민물새우를 날것으로 찧어 먹었다. 아스피린의 '아' 자도 모를 시절이었기에 그랬다. 그러다 보니 오히려 홍역보다 더 무서운 병인 폐디스토마에 많이도 걸렸다.

그건 그렇다 치고 가재나 게, 새우 따위를 불에 익히면 왜 빨갛게 변할까? 그것은 키틴질의 딱딱한 껍데기에 있는 아스타잔틴astaxanthin이라는 색소 때문이다. 카로티노이드carotenoid계 식물 색소의 일종으로 지용성이며, 주로 연어와 송어, 새우, 가재, 새 깃털 등에 존재하는데, 다른 식물의 카로티노이드처럼 사람 몸에서 비타민 A로 바뀌지 않고 항산화제로 작용한다고 한다. 어쨌든 가재를 익히면 빨갛게 변하는 이유는, 아스타잔틴이 생체 내에서는 단백질과 결합한 색소 단백질로 존재하지만 열을 받으면 분해되면서 다른 색소들에 가려 보이지 않았던 아스타잔틴의 붉은색이 드디어 겉으로 드러나기 때문이다. 물론 연어나 송어의 생살, 알이 붉은 것도 바로 이 색소 때문이다.

한편 "가재 치다."란 말이 있으니, 이는 가재가 뒷걸음질을 잘 치듯이 샀던 물건을 도로 무른다는 뜻이다. 그런데 여태 살아온 인생은 물릴 수도 없으니 이 일을 어쩌나? 아무렴 "곰 가재 뒤지듯" 한다고, 곰이 개천 돌을 뒤집어 가며 가재를 잡듯이 차근차근 침착하게 글이나 쓰다가 힘 빠지는 날 저세상으로 가리라. 그래도 "가재 물 짐작하듯" 미리 죽음을 예측할 수 있으면 참 좋으련만……. 아니야, 불안하여 제 명대로 못 살 것이다. 모르는 게 약이다!

은행나무도
마주 심어야 열매가 연다

'일엽지추一葉知秋'라, 겨울을 재촉하는 갈바람이 세게 부는 날에 은행나무 길의 아름드리나무에서 줄곧 샛노란 '은행잎 비'가 우수수 내리는 모습은 장관이 아니던가. 이로써 가을도 영락없이 사위어 간다! 은행잎이 노란 색깔을 내는 것은 다른 단풍잎처럼 안토시아닌anthocyanin이나 카로틴carotene, 타닌tannin 따위의 색소 때문이 아니라 크산토필xanthophyll이라는 노란 색소 때문이다. 이들 색소는 봄과 여름엔 짙은 녹색 엽록소인 클로로필chlorophyll에 가려 보이지 않다가 기온이 뚝 떨어져 엽록소가 파괴되면서 드디어 서서히 본체를 드러내는 것이다. 물론 모두 다 광합성에 꼭 필요한 색소들이다.

은행나무는 은행나뭇과
은행나무속에 드는 낙엽
교목으로 겉씨식물이다.

소나무, 향나무, 소철,
전나무 등 대부분의 겉씨
식물은 잎이 바늘 꼴, 즉 침상
針狀인데 은행나무는 같은 겉씨식
물이면서 특이하게도 잎이 넓은 부채
꼴인 너부죽한 활엽수다. 그런데 여러 기록을 보면
은행나무를 침엽수針葉樹라 일컫던데 이는 말도 안 되
는 개 풀 뜯어먹는 소리다. 그것은 '겉씨식물은 곧 침
엽수'라는 고정관념, 옳지 못한 생각에서 비롯된 것으
로 어림없는 주장이니 귀에 담지 말지어다.
은행나무는 바퀴벌레만큼이나 끈덕진 대표적인 생

화석生化石의 하나이다. 지구의 역사 2억 7000만 년 동안을 은행나무가 훤히 꿰뚫어봐 왔다고 해도 과언이 아니기 때문이다. 정녕 지구 역사의 산증인인 셈이다. 지구의 비밀을 알고 있다고나 할까?

그러나 중국 원산으로 오롯이 그대로 자생하는 것들은 거의 다 절멸하고 현재는 중국 저장성에만 다소 남아 있다고 한다. 즉, 우리 주변의 은행나무는 모두 사람이 심어 가꾼 것이라는 말이다.

은행나무[Ginkgo biloba]의 학명에서 속명 *Ginkgo*는 '은행', 종소명 *biloba*의 *bi*는 '둘', *loba*는 '잎 모양'

이라는 뜻으로 잎이 두 갈래로 갈라지는 은행잎의 특징을 뜻한다. 한자어로는 열매 껍데기가 은빛이 나는 살구를 닮았다고 하여 '은행목銀杏木', 할아버지가 심어 긴 세월이 지난 다음 손자가 열매를 따 먹는다고 하여 '공손수公孫樹', 잎의 모양이 오리발을 닮았다 하여 '압각수鴨脚樹'라고도 한다. 은행나무는 중국의 나라 나무이며, 은행잎은 우리나라 성균관대학교의 상징이요 일본 도쿄의 심벌인 것으로 알 수 있듯이 특히 동양에서 사랑받는 나무다. 잎은 가지 끝에 3∼5개가 조밀하게 묶어나기 하고 보통 5∼10센티미터 길이로 잎맥이 촘촘히 가는 부챗살처럼 뻗으며, 흔히 잎 가운데가 얕게 갈라지지만 전혀 갈라지지 않는 것도 있고 2개 이상으로 갈라지는 것도 있다.

은행잎에는 생약 성분인 '징코 플라본 글리코사이드ginkgo flavone glycosides'가 있어 말초 모세 혈관은 물론이고 전체 혈액 순환을 좋게 해 준다. 특히 우리나라 은행잎에 이 성분이 많다 하여 독일 같은 나라에서 많이 수입해 간다고 한다. 목재는 결이 곱고 치밀하며 탄력이 있어서 가구, 조각, 바둑판, 밥상 등으로 만들며, 예로부터 절이나 사당 등지에 많이 심었다.

암수가 따로 있는 목본 식물은 은행나무 말고도 비자나무, 주목, 버드나무, 뽕나무, 산초나무, 초피나무, 다래 등등 상당히 많지만, 암수가 따로 있는 초본 식물은 드물어 그나마 한삼덩굴, 수

영, 시금치 등이 있을 뿐이다.

은행은 4월에 꽃이 핀다. 녹색의 암꽃은 짧은 가지 끝에 달리고 암꽃 끝자락에 2개의 밑씨가 생기며, 꽃가루받이(수분)를 한 다음에 하나 또는 2개 모두가 열매를 형성한다. 노란 수꽃은 꽃잎이 없고 2~6개의 수술이 있으며 꽃가루는 바람을 타고 멀리까지 퍼진다. 암꽃 끝의 꽃가루실에 들어간 꽃가루(화분)는 발육하여 수천 개의 편모를 가진 정자로 바뀌며 그것이 장란기藏卵器로 이동하여 수정된다.

은행나무의 열매인 은행은 결코 과일이 아니고 씨이며, 그 껍질색이 흰 까닭에 백과白果라고 하는데, 신선로 등의 요리나 전통 과자의 재료가 되기도 한다. 기침을 그치게 하고 가래를 없애는 데에 약효가 있다 하여 구워 먹기도 하지만 어른도 한 번에 10개 이상 먹는 것은 좋지 않다고 한다.

은행은 새들이 안 먹고 은행잎도 벌레들이 안 먹는다. 그래서 은행잎으로 바퀴벌레를 쫓거나 책갈피에 끼워 두어 좀이 덤벼들지 못하게 하기도 한다.

은행은 독하고 끈질긴 식물로 어미 나무가 무슨 일로 죽으면 반드시 밑동부리에서 한 떨기 새순이 새록새록 돋는다. 1945년 일본 히로시마에 원자폭탄이 떨어졌을 때 주변 1~2킬로미터에 큰 은행나무가 여섯 그루 있었는데, 다른 나무들은 홀라당 그을려 다 죽었지만 이들 은행나무에선 다시 움이 터 지금껏 자라고 있다고 한다. 한편 은행의 물렁물렁한 황갈색 육질에는 부티르산butyric acid이라는 물질이 들어 있어 살갗에 염증이 생기게 하고 구린내가 심하게 난다. 그리고 익혀도 파괴되지 않는 MPN(4-O-methylpyridoxine)이라는 물질 탓에 많이 먹으면 비타민 B6의 작용을 방해하며 구토나 경련을 일으키기도 한다. 뭐든지 과해 좋은 것 없다.

예전에는 은행나무의 암수 감별을 온전히 요란 떨어 점치듯 가늠했을 뿐 수령이 15년 이상이라야 확실했다. 그러나 근래 들어 산림과학원이 DNA를 이용한 성 감별법으로 수나무에만 있는 DNA 표지標識 유전자를 발견하였으니 이젠 1~2년짜리 묘목도 암수 감별이 간단해졌다. 따라서 농가에는 값진 백과 채취가 가능한 암나무를, 길가에는 늘비하게 널브러져 주체 못할 악취를 풍기지 않는 수나무를 심을 수 있게 되었다.

은행나무는 암수딴그루로 풍매화이다. "은행나무도 마주 심어야 열매가 연다."는 말은 은행나무의 수나무와 암나무가 서로 바라보고 서 있어야 열매가 열린다는 뜻으로, 사람도 마주보고 대하여야 더 인연이 깊어지고, 남녀가 결합하여야 집안이 번영한다는 뜻을 담고 있는 말이다.

나무도 암수가 가까이 있어야 결실을 맺을 수 있다. 특히 풍매

화인 나무들은 바람이 수정을 시켜 주기 때문에 너무 멀리 떨어
져 있으면 난자와 정자가 만나지 못해 씨를 맺지 못한다. 하늘을
봐야 별을 따지.

참새가 방앗간을
그저 지나랴

그렇지 않은가, 아무리 약한 것이라도 너무 괴롭히면 한사코 대항하니 "참새가 죽어도 쩩 소리를 낸다." 하고, 이곳이나 좋아하는 것을 보고 좀체 가만있지 못할 때나 자기가 좋아하는 곳은 그대로 지나치지 못할 적에 "참새가 방앗간(올조 밭)을 그저 지나랴." 하는데 여기서 '올조'란 제철보다 일찍 여무는 조를 말하며 올벼, 올보리 등으로도 쓴다. 몸은 비록 작아도 능히 큰일을 감당하면 "참새가 작아도 알만 잘 깐다."고 하지. 작은 고추가 매운 법이고.

참새[*Passer montanus*]는 주로 인가 근처에서 모여 사는 참새목 참샛과의 조류다. 몸길이는 14.5센티미터, 날개를 편 길이는 20

센티미터, 몸무게 24그램 정도이다. 머리는 짙은 갈색, 등은 갈색에 검은 세로줄 무늬가 나 있다. 눈 밑의 얼굴은 희고 귀 털과 턱밑, 뺨은 검으며 배는 흐린 흰색이다. 땅바닥에선 걷는 법이 없이 늘 두 다리를 모아 폴짝폴짝 뛴다. 전 세계적으로 약 20여 종이 살고 있으며 그중에 참새와 섬참새[*Passer rutilans*] 2종이 우리나라에 살고 있다. 섬참새는 울릉도와 제주도 한라산에서 살고, 겨울 한때는 동해안이나 남해 연안 섬에서 목격되기도 한다. 참새와 엇비슷하지만 참새보다 조금 작아 몸길이가 13센티미터 정도이고, 뺨에 검은 반점이 없는 것이 다르다. 우리나라와 중국, 일본 등 아시아와 유럽 전역에 걸쳐 살며 북미 대륙, 독일 등지에도 이입移入되었다.

필자는 참새라고 하면 문득 음력 보름이 떠오른다. 잠결에 눈 부비고 일어나자마자 대밭으로 달려가서 귀가 따갑게 왁자지껄 재잘거리는 참새를 "후여! 후여!" 외치며 바지랑대를 휘둘러 후려갈겼다. 아닌 밤중에 홍두깨라고, 녀석들은 연유도 모르고 화들짝 놀라 떼거리로 혼비백산魂飛魄散 식겁하고 도망쳤지. 딴 집보다 서둘러 앞서 쫓아야 그해 가을 벼논에 참새들이 덜 낀다고 여겼던 것이다. 자고로 가을 들판에 시끌벅적 들끓는 참새를 쫓는 것은 그야말로 숨 쉴 틈 없이 바쁘다. 여기저기 허수아비를 세우고 논두렁 따라 새끼줄에 깡통을 주렁주렁 매달아 놓아 깡통

부딪치는 소리가 요란하게 줄을 당기거나, 꽹과리를 귀먹을 정도로 꽹꽹 두드리며 엄포를 놓기도 했다. 그래도 요 싸가지 없는 녀석들은 아랑곳하지 않고 기고만장하여, 치미는 울분을 삼키고 있는 나를 놀려대듯 논두렁 둘레를 뱅뱅 맴도니 악전고투惡戰苦鬪가 따로 없었다. "참새 물 먹듯"이란 음식을 조금씩 여러 번 먹는 모양을 일컫는데, 수백 마리가 질풍노도疾風怒濤처럼 바람을 일으키며 떼로 몰려들어 풋벼바심하여 찐쌀을 해 먹기도 이른, 이제 막 물오르기 시작한 벼이삭을 허옇게 쭉쭉 빨아 버리니 그냥 두면 헛농사다. 모를 심고 벼를 거쳐 온전한 쌀이 되기까지 여든여덟 번이나 손이 간다는 쌀! 그래서 여든여덟 나이를 미수米壽라 하는 것도 일리가 있다. 태어나 미음米飮으로 만나고 죽어서는 입안에 한가득 담고 가는 쌀이 아니던가! 쌀은 그저 쌀이 아니다. 조상의 넋과 혼백이 배인 것이다.

수놈들은 암놈을 꼬드길 때 부리를 위로 치켜올리고 꽁지를 부채 모양으로 벌린 채 몸을 뒤로 굽히는 식의 구애 행동을 한다. 주로 초가지붕의 처마, 기와집의 기와 틈새, 까치가 버린 둥지, 제비집, 나무 구새통 같은 것에 둥지를 트는데 수명은 겨우 2년이다. 1년에 두배를 배는데, 한배에 4~8개의 알을 깐다. 알은 푸른빛이 도는 회백색 바탕에 회색이나 암적갈색의 반점이 퍼져 있다. 알을 품는 기간은 12~14일이고, 새끼를 키우는 2주간의 육추育雛 기간이 지나면 둥지를 떠난다. 참새는 보통 곡식 낟알과 풀씨, 나무열매 등과 딱정벌레, 나비, 메뚜기 같은 작은 곤충을 잡아먹지만 새끼에게는 단백질 덩어리인 벌레만 먹인다. 암놈이 여러 수놈과 만나는 난혼亂婚인 탓에 10퍼센트 넘게 딴 아비의 새끼라 한다.

참새는 겁쟁이라 새매, 쥐, 까치, 고양이, 뱀 같은 천적이 알이나 새끼를 채갈까 봐 노상 안절부절 고갯짓에, 또랑또랑한 눈을 부라리고 온 사방을 살핀다. 변변찮은 무리들이 떠들어 대더라도 개의치 않을 때 "참새가 아무리 떠들어도 구렁이는 움직이지 않는다."고 한다. 능구렁이가 둥지 근처에 어슬렁거리면 참새들은 즉각 무리 지어 고집스럽게 온몸을 날리며 한판 난리를 피운다.

여름이면 처마 끝 참새 둥지에서 알 꺼내 대파에 깨 넣어 구워 먹고, 겨울이면 추녀에 사닥다리 걸쳐 올라가 손 디밀어 암수 참새 두 마리를 통째로 잡아 참새구이를 해 먹었지. 참새 잠자리는 어쩌면 그렇게 포근하고 따스했던지, 아직도 손끝의 그 온기를 잊지 못한다. 새 그물이나 고무 새총으로 잡기도 했지만 덫으로 잡기도 했다. 폭설이 내린 날이면 마당 한구석의 눈을 쓸고 거기에 발채를 접어 묵직한 돌을 얹고 나무막대로 비스듬히 받쳐 세웠다. 발채 밑에 쌀을 한줌 뿌려 두고, 막대 밑동에 새끼줄을 묶어 팽팽히 당겨 놓고는 방에 숨어 눈 빠지게 기다렸지. 그러면 별

수없이 배곯은 참새들이 차츰차츰 몰려들었다. 이때다! 받쳐 매 놓은 새끼줄을 홱 잡아당기면 덜커덕 발채 밑에 몇 마리가 깔려 압사하기도 했다. 이렇게 짓궂은 참새 이야기를 빼면 내 유년시절은 절름발이가 되고 만다.

"참새가 왕거미 줄에 걸린 것 같다."라는 말이 있다. 똑똑한 체하던 사람이 뜻하지 않은 수에 걸려들어서 헤어나지 못하게 됨을 비유적으로 이르는 말이다. 그런데 너무 들끓어 사람을 귀찮게 했던 참새가 확 줄어들어 버린 것은 뭐니 뭐니 해도 1980년대에 새마을 운동을 벌이느라 참새의 주요 번식처인 초가집이 슬래브 지붕의 집들로 바뀌었고, 또 참새의 먹이인 곤충이 강력한 제초제와 살충제에 사라진 탓이다. 사실 알고 보면 사람의 천적은 가히 잡초와 곤충이라 살초제와 농약을 개발하기에 이르렀던 것인데, 결국 그것이 참새의 생존과 번식에 필수 요인인 먹이와 집을 몽땅 잃게 했으니 그럴 수밖에. 그래도 모질고 끈질긴 생명력을 발휘하는 오달지고 옹골찬 참새가 너무나 가상타! 이제껏 쉽사리 씨가 마르지 않고 꽤나 남아 있기에 하는 말이다. 부디 굳세어라, 참새야!

벼룩의 간을
내먹겠다

옛사람들은 벼룩과 얼마나 가까이 지냈으면 벼룩에 관한 속담이 이렇게 많을까? 우선 "벼룩의 불알만 하다."라는 말이 있다. 눈에도 잘 안 띄는 벼룩인데 그놈의 불알이라니? 매우 작다는 말을 이렇게 해학적으로 표현했다! 그리고 하나같이 엄청난 과장법이 이어진다. "벼룩 꿇어앉을 땅도 없다."는 "송곳 박을 땅도 없다."는 말과 유사한 말로 입추立錐의 여지가 없음을, "벼룩도 낯짝이 있다."는 말은 벼룩도 그러하거늘 하물며 사람이 체면이 없어서야 되겠느냐는 뜻이다. 게다가 벼룩의 간이 뭐 그리 크기에 "벼룩의 간을 내먹는다."라고 할까? 이는 하는 짓이 몹시 인색한 경우나 어려운 처지에 있는 사람에게서 금품을 뜯어내는 경우를 비유적으로 일컫는 말이다. "벼룩의 등에 육간대청을 짓겠다."란 벼룩의 좁은 등에 여섯 칸이나 되는 넓은 마루를 짓겠다니 기가 찬다. "벼룩이 황소 뿔 꺾겠다는 소리 한다."는 속담은 보잘것없는 능력밖에 없는 주제에 터무니없이 큰소리치는 경우를 말하고, "뛰어야 벼룩이다."는 도망쳐 봤자 크게 벗어날 수 없다는 말이다. 벼룩 한 마리를 통해 세상을 두루 읊도다!

벼룩은 세계적으로 1500여 종이 있고, 우리나라에는 6과 37종이 있는 것으로 알려져 있다. 쥐벼룩, 개벼룩, 고양이벼룩 등이 있는데 족제비, 다람쥐, 오소리, 박쥐 등과 같은 다른 포유류나 조류에도 기생한다. 이것들 중에서 사람과 가장 가까운 것이 사람벼룩[*Pulex irritans*]이고, 이것은 페스트나 발진열들을 퍼뜨리는 체외 기생충이다. 벼룩에 물린 자국은 모기에게 물린 자국과 같으며, 벼룩의 침에도 히스타민 물질이 들어 있어 알레르기 반응을 일으키기에 물리면 무척 가렵다.

사람벼룩은 벼룩목 벼룩과의 소형 곤충으로 몸길이가 1.5~3.3밀리미터이며 암놈이 조금 더 크다. 날개가 숫제 없어 은시목隱翅目이라 부르며, 곤충이면서 겹눈이 없이 2개의 홑눈만 있고, 짧고 굵은 더듬이는 세 마디로 머리의 가로진 홈에 들어 있다. 사실 건성으로 보아 벼룩을 찾기란 풀밭에서 바늘 찾기만큼이나 어렵다. 필자는 어렸을 때 늘 득시글거리고 욱실거리는 벼룩과 함께 살았기에, 아침 햇살이 방 안에 스며들 때면 몸을 웅크려 머리를 방바닥에 바투 대고 눈알을 부라리고 노려보면 비로소 벼룩이 겨우 눈에 띄었다. 난타원형의 몸매에 머리가슴은 작고 배가 거의 대부분을 차지하는데 제법 말쑥하고 멀끔하게 생겼다. 적갈색 내지 암갈색 광택이 나며 온몸에 뒤로 향한 센털剛毛과 잔가시가 촘촘히 한가득 나 있다. 얄궂게도 좌우로 눌려 납작하게 생긴 것이 동물의 털 사이를 기어 다니는 데 편리하며, 하도 야물어서 두 손가락으로 꽉 쥐고 눌러도 죽지 않는다. 튜브형의 입은 피를 빨기 좋고, 길쭉한 다리 끝에는 발톱이 있으며, 뒷다리는 도약하기에 알맞게 되어 있다.

이 꼬꼬마 벼룩이 수직으로 18센티미터, 수평으로 33센티미터나 뛴다 하니 제 몸길이의 200배쯤 멀리 뛴다. 높이뛰기나 멀리뛰기 선수들은 벼룩한테서 한 수 배울지어다. 몸길이에 대한 비율로 쳤을 때 세상의 모든 동물 중 거품벌레 다음으로 점프력이 뛰어나다고 하는 벼룩이다. 다른 곤충이 그렇듯이 벼룩이 높게 또는 멀리 뛰는 것이나 곤충들의 재빠른 날갯짓은 결코 근육 힘이 아니라 외골격에 든 레실린resilin 단백질의 탄성 때문이다. 그 단백질의 특성과 원리를 운동기구나 의학·전자기구 만드는 데 응용하고 있다. 그래서 모방은 창조인 것이요 발명품들은 하나같이 자연 모방품인 것!

이 작디작은 곤충 벼룩도 알, 애벌레, 번데기, 어른벌레의 한 살이인 완전 탈바꿈(완전 변태)을 한다. 수명이 두 달에서 1년 정도인 벼룩 암놈은 평생 500여 개의 알을 낳는다. 암수가 어우른 다음, 습도가 높은 먼지 속에 지름이 약 0.5밀리미터쯤 되는 하얀 난형卵形, 즉 달걀 모양의 알을 20여 개 뭉치로 낳는다. 빠르면 이틀 뒤에 부화하며, 애벌레 길이는 6밀리미터 정도로 다리나 눈이 없는 파리 애벌레 구더기를 닮았다. 몸은 담황색으로 13개의 체절엔 센털이 난다. 어미 벼룩의 유별난 모정! 애벌레는 주로 어미의 똥을 먹고 살기 때문에 어미 벼룩은 이 시기에 보통 때보다 많게는 서른 배까지 많은 피를 빨아 똥을 그득 누어서 애벌레가 먹도록 해 준다. 애벌레는 1~2주 안에 세 번 허물벗기 하고 고치를 만들며, 그 속에서 번데기로 변한다. 그러고는 환경에 따라 며칠 또는 몇 달 후에 마침내 어른벌레가 된다.

그런데 요즘은 벼룩 구경하기도 힘든 세상이다. 옛날에 아궁이에 장작을 때던 때에는 하루가 멀다 하고 산에 나무하러 가야 하고 장작을 패야 했던 불편함이 있었다. 그러다 연탄으로 난방을 하게 되면서 그런 불편에서 벗어나게 되었다. 그러나 '연탄가스'라는 마귀를 뿜어내고 있었으니 밝음이 있으면 어둠이 있는 법. 연탄가스가 방고래를 타고 가다가 틈난 구들에 스며들어 잠자는 사람을 덮친다. 연탄가스는 일산화탄소이다. 일산화탄소는 무색, 무취의 기체로서 산소가 부족한 상태, 즉 불완전 연소로 발생한다. 산소보다 적혈구의 헤모글로빈과 결합력이 200배나 강해서 핏속에 산소가 있어도 헤모글로빈이 온통 일산화산소와 결합하여 뇌나 다른 조직에 산소 결핍이 생기게 되는데, 이것이 바로 일산화탄소 중독, 일명 연탄가스 중독이다. 그 옛날 밤마다 우리를 극성스럽게 괴롭혔던 빈대나 머릿니뿐만 아니라 벼룩까지 가뭇없이 싹 사라진 것은, 아마도 이루 말할 수 없이 많은 사람들의 뇌를 상하게 하고 생명까지 앗아갔던 연탄가스 때문일 터! 그러나 그 연탄가스 탓에 벼룩과 빈대는 씨가 말랐는데 정작 인간들은 끄떡없이 성성한 걸 보면 인간의 끈질기고 모짊은 알아줘야 한다.

프랑스에서 처음 시작되었다는 온갖 중고품을 사고파는 벼룩시장flea market이 우리나라에서도 인기를 끌고 있다. 참 잘된 일이다. 사람들이 아직 쓸 만한 물건도 깡그리 버리니 하는 말이다. 내 미국 친구가 우리 같으면 벌써 내다 버렸을 고물딱지 흔들의자에 앉아 자기 할아버지와 할머니가 쓰던 것이라며 자랑한 적이 있다. 조상의 손때 묻은 물건들을 잘 보관했다가 자식들에게 유산으로 넘겨주자꾸나.

야,
학질 뗐네!

『동의보감』은 학질瘧疾 증상을 "처음 발작할 때에는 먼저 솜털이 일고 하품이 나며, 춥고 떨리면서 턱이 마주치고, 허리와 잔등이 다 아프다. 춥던 것이 멎으면 겉과 속이 다 열이 나면서 머리가 터지는 것처럼 아프고 갈증이 나서 찬물만 마시려고 한다."고 증상을 자세히 묘사하고 있다. 말보다 무서운 병인데 이것은 학질 모기란 놈이 퍼뜨린다. '견문발검見蚊拔劍'이라고 "모기 보고 칼 뺀다"거나 '노승발검怒蠅拔劍'이라고 "파리에 노하여 칼질한다"는 말들은 보잘것없는 작은 일에 지나치게 화를 내는 소견머리 없는 사람을 칭하지만 모기와 파리가 귀찮고 성가신 밉상꾸러기들임엔 틀림없다. 참고로 모기와 파리는 모두 곤충이지만 뒷날개는 퇴화하고 앞날개만 남은, 날개가 두 장인 쌍시류雙翅類이다.

이제부터 본격적으로 이야기하려는 학질은 흔히 말라리아malaria라고 부르는 병으로 웬만해서는 잘 낫지 않아 애를 먹이는 까다로운 병이다. 그래서 거북하거나 곤경에 처해 진땀을 뺄 때나 어렵고 힘든 일을 간신히 피하거나 면했을 때 "학질 떼다."라 하고, 같은 뜻으로 "학을 떼다."라고도 한다. 이렇게 잘 낫지 않는 병을 이겨 냈거나 거머리처럼 달라붙어 치근거리는 스토커 연인과 드디어 헤어졌을 때도 "야, 나 이번에 학질 뗐다."고 한다. 한편 "삼 년 학질에 벼랑 떼밀이"란 말이 있으니, 학질에 걸린 사람을 놀라게 하면 낫는다는 속설을 따라 병자를 벼랑에서 떨어뜨린다는 뜻으로, 큰 손해를 보면서 걱정거리를 떨쳐 버린다는 의미다. 실제로 내 어릴 적에는 벌건 대낮에 학질에 걸린 사람에게 삿갓을 씌워 동네를 한 바퀴 돌게 하고는, 후미진 곳에 몰래 숨어 있다가 둑 아래에 다다르면 위에서 물동이 물을 확 끼얹고, 뒤따르던 친구가 논바닥으로 밀어뜨려 놀라게 했다. 그 일이 어제 같은데……. 어쨌든 사실은 턱도 없는 짓을 한 것으로 그러다가 더러 다치는 수가 있었지. 그런데 그 시절에도 학질의 치료, 해열, 진통제로 효과가 있는 금계랍金鷄蠟이라는 약이 있었지만 서럽게도 언감생심焉敢生心이었다. 물론 요새는 더 좋은 예방약이 있고 예방주사도 맞는다고 한다.

학질을 매개하는 학질모기는 세계적으로 460여 종이 알려져 있으며 그중 30~40종이 병을 옮긴다. 우리나라 학질모기는 중국얼룩날개모기[*Anopheles sinensis*]이며 앉을 때 배를 치켜 올리므로 다른 모기와 쉽게 구별된다. 그런데 우리나라에서 사라진 것으로 알았던 학질, 즉 말라리아가 난데없이 다시 나타난 것은 북한 학질모기가 남하한 탓으로, 비무장지대를 비롯한 그 인접지역에 유달리 많이 나돈다 한다. 하지만 학질의 주범은 결단코 모기가 아니다. 모기의 침에 묻어 들어온 원생동물인 삼일열원충三日熱原蟲 때문이다.

학질열원충의 한살이를 보면, 침샘에 열원충을 가진 모기가 사람을 물면 그때 스포로조이트sporozoite가 피를 타고 간세포에 들어서 분열, 번식하여 수많은 메로조이트merozoite를 만든다. 그리고 이것이 간세포를 터뜨리고 나와 적혈구로 들어가고, 거기서도 세차게 번식하여 잇따라 메로조이트를 만들어 적혈구를 터뜨리고 나와 또 다른 적혈구에 들어가기를 되풀이한다. 이거야 원! 온통 간세포가 다치고 적혈구가 산산조각 나고 깨지고 터지고 바스러진다.

이렇게 메로조이트를 가지게 된 학질 환자의 피를 다른 성한 암놈 모기가 빨면 그것이 모기 몸에서 여러 단계를 거쳐 스포로조이트가 되어 모기의 침샘에 머문다. 이런 모기가 또다시 탈 없는 사람을 물어 모기의 침샘에서 시작하여 사람의 몸을 한 바퀴 돌고 새로이 모기의 침샘까지 돌았으니 이것이 속칭 '열원충의 일생'이다.

결국 열원충은 모기에서는 유성생식, 사람 몸에서는 무성생식을 하는데 왜 기생충들이 이런 거추장스러운 한살이를 하는지에 대해서는 해석이 분분하다. 사람들은 걸핏하면 모기를 죽일 놈으로 몰아붙이며 밉보고 고깝게 여겨 타박하지만, 모기도 열원충에게 양분 빼앗기고 위 다치고 심지어 죽는 수도 있다고 한다. 영락없이 모기도 우리와 마찬가지로 열원충의 희생물인 것을! 말라리아는 오로지 열원충 탓이며, 모기는 그 열원충을 옮겨 주는 한낱 짐꾼일 뿐이다.

앞의 열원충의 일생에서 본 것처럼 학질은 수많은 간세포와 적혈구를 결딴내고 요절낸다. 특히 망가진 적혈구의 헤모글로빈 부산물인 헤모조인hemozoin이 간과 비장에 쌓이면 빈혈, 두통, 혈소판 감소 등의 증세를 보이며, 병이 더치면 눈이 때꾼해지고 삐쩍 마르면서 힘이 빠져 생명까지 잃는다. '삼일열'은 3일마다, '사일열'은 4일마다 딱 정해진 시각에 적혈구를 동시에 파괴하며 그때마다 심한 고열에 엄청난 오한惡寒을 느끼니 이것이 학질의 전형적 특징이다.

1년에 1억 명 이상이 걸려 150만 명이나 죽게 하는 학질은 인

간과 기생충이 같이 진화해 온 공진화共進化의 대표적 예다. 그런데 병 주고 약 준다더니만, 사람이 학질에 시달리면서 새로운 저항성이 생겼다고 한다. 사람을 학질로부터 보호하는 유전자 2개를 찾아냈다는 것. 하나는 MHC^{major histocompatibility complex}란 단백질을 만드는 데 관여하는 MHC 유전자로, 학질이 창궐하는 아프리카에는 인구의 40퍼센트가 이 유전자를 갖고 있다고 한다(백인이나 동양인은 1퍼센트). 또 하나는 겸상세포증鎌狀細胞症이라는 빈혈증을 일으키는 유전자다. 보통 사람의 적혈구는 도넛처럼 둥그스름하나 이 유전자를 가진 사람은 적혈구 속 헤모글로빈이 만들어지지 않아 적혈구가 풀 베는 낫의 모양, 즉 겸상鎌狀인데, 이 유전자 또한 학질에 저항력이 있고, 아프리카 사람의 25퍼센트가 이 유전자를 갖고 있다고 한다.

이는 비록 돌연변이 유전자라 빈혈을 일으키기는 하지만 그래도 생명을 앗아가는 무서운 학질에 저항력을 보인다는 점에서는 유리한 진화라 하겠다. 사람이 연년세세 시달리다 보니 그나마 MHC 유전자와 겸상세포증 유전자 같은 것이 새로 생긴다는 것은 인간의 진화를 설명하기에 충분하다. 그래도 참 기가 차고 학질 뗄 노릇이다. 지금같이 날고뛰는 세상에 아직도 학질 하나 제대로 못 잡고 있으니 말이다.

자라 보고 놀란 가슴
솥뚜껑 보고 놀란다

끈질긴 생명력을 지닌 자라[*Pelodiscus sinensis*]는 거북목 자랏과에 속하는 민물 파충류이다. 자라 학명에서 속명 *Pelodiscus*는 껍데기가 둥글다는 뜻이고, 종명인 *sinensis*는 중국을 뜻하며, 딱지가 부드러운 껍질로 덮여 있어 영어로는 chinese soft-shelled turtle이라고 부른다. 등딱지는 둥글고 넓적하며 딱딱하지 않지만, 배 아래에는 깔끔하고 딱딱한 뼈가 몸을 감아 뒤덮고 있다. 전 세계에 7속 25종이 있으나 우리나라에는 1종이 서식하고 중국, 일본, 대만, 만주, 베트남 등지에 분포한다.

"자라 알 바라보듯 한다."는 속담은 자식이나 재물 따위를 다른 곳에 두고 잊지 못하여 늘 생각하는 경우를 이르는 말이고,

"백모래밭에 금자라 걸음"이란 한껏 맵시를 내고 아양을 부리며 아장아장 걷는 여자의 걸음을 비유적으로 이르는 말이다. "자라 보고 놀란 가슴 솥뚜껑 보고 놀란다."는 속담처럼 자라는 손잡이만 없을 뿐 솥뚜껑을 참 많이 닮았다. 비슷한 속담으로 "더위 먹은 소 달만 보아도 헐떡인다.", "뜨거운 물에 덴 놈 숭늉 보고도 놀란다.", "불에 놀란 놈이 부지깽이만 보아도 놀란다."도 있는데 얼마나 혼쭐이 났으면 그렇겠는가. 무섭고 두려운 조건 반사 중추가 대뇌에 꽉 틀어박혀 여간해서는 지워지지 않기 때문이다.

자라의 등딱지 지름은 50~80센티미터에 달하고, 위 등갑과 아래 배갑은 야문 인대韌帶로 이어져 있으며, 머리와 목을 등딱지 안으로 완전히 쏙 집어넣을 수 있으니 "자라목 움츠리듯 한다."는 말이 여기서 나왔고, "자라 고기를 먹으면 몸이 움츠러진다."는 말도 생겼다. 주둥이 끝이 가늘게 돌출하였고, 목과 코는 유난히 긴 관 모양이라 가끔 목을 공기 중으로 쭉 뽑아 올려 폐호흡으로 숨을 쉰다. 암놈이 수놈보다 훨씬 덩치가 크며, 턱 가장자리는 날카로워 깨무는 힘이 세고, 강이나 연못 바닥의 진흙 속에 숨기 좋게 생겼다. 다리는 크고 짧으며 발가락은 3개인데 그 사이엔 물갈퀴가 있다. 알을 낳을 때를 빼고는 거의 물 밖으로 나오지 않으며, 물속에서 갑각류, 연체동물, 양서류 따위의 수서 동물을 잡아먹고 산다. 5~7월에 물가의 마른 모래땅에 구덩이를 파고 17

~28개의 알을 빽빽하게 낳는다.

　자라는 예로부터 강장제나 보혈제補血劑로도 많이 썼으며, 근래 그 값이 천정부지로 올라 중국만 해도 한 해에 900만 마리 이상을 양식하여 떼돈을 번다고 한다. 영국의 철학자 베이컨은 "건강한 육체는 영혼의 거실이고, 병든 육체는 영혼의 감옥"이라고 했다. 건강이 제일이다! 신외무물身外無物이라고, 우리도 몸 하나 귀히 여겨 자라를 달여 먹었으니, 보통 자라나 잉어를 닭과 같이 넣고 여기에 여러 재료를 더해 백숙한 요리가 용봉탕龍鳳湯인데, 자라는 등과 발톱을 빼고는 모두 먹을 수 있다. 얼마 전까지만 해도 국제적으로 자라를 사고팔았으나 이제는 엄격하게 금지된 품목이 되었다. 그리고 다행스럽게도 이제는 '살기 위해 먹는 세상'에서 '먹기 위해 사는 세상'으로 바뀌어 다들 식도락을 즐기고 누린다. 먹는 것이 곧 보약이니 평생에 한 번 먹을까 말까 하는 용봉탕보다는 평소에 먹는 음식을 고루고루 챙겨 먹어 건강을 지키는 것이 보신임에 두말할 여지가 없다.

　한편 자라와 비슷하면서 자라보다 몸집이 작은 남생이[*Geoclemys reevesii*]가 강물에 함께 산다. 남생이는 거북목 남생잇과의 파충류로 물과 땅에 걸쳐 생활하는 민물거북이다. 다 자란 성체의 등껍질은 자라보다 조금 작은 20~25센티미터 정도인데, 남획, 환경오염, 붉은귀거북의 증가 탓으로 개체수가 줄어 우리나라는 천연기념물 제453호로 지정하여 보호하고 있다. 단단한 등딱지는 진한 갈색이고 육각형 모양의 여러 개의 딱지가 등을 이룬다. 네 다리는 넓은 비늘로 덮여 있으며, 꼬리가 길어서 등짝의 거의 반이나 된다. 겨울에는 진흙 속에서 월동하고 6~7월에 짝짓기를 하며, 8월에 물가 모래나 흙에 구덩이를 파서 4~6개의 알을 낳는다. 알 구멍에 자신의 배설물을 뿌려 단단하게 굳게 하는 습성이 있다.

그런가 하면 뺨에 붉은색 점이 있어 붉은귀거북[*Trachemys scripta elegans*]이란 이름이 붙은 것이 있으니 청거북이라고도 한다. 거북목 늪거북과에 속하며 역시 자라, 남생이와 함께 민물에 사는 종이다. 미국 남부가 원산지인데 애완용으로 전 세계에 퍼졌으며, 우리는 애완용 말고도 방생放生에 쓰기 위해 들여와 섣불리 강에 풀어 준 것이 생태계를 어지럽히고 있다. 다행히도 지금은 수입 금지 품목으로 정해졌다고 한다.

붉은귀거북은 등딱지가 타원형이면서 진한 녹색으로 노란색의 줄무늬가 있고 배에는 검은빛의 불규칙한 점이 있으면서 누르스름하다. 영어 이름은 red-eared slider turtle인데 여기서 slider란 붉은귀거북이 물가 돌이나 바위에 햇볕을 쬐러 나왔다가 홀연히 물속으로 미끄러지듯 들어가는 모습을 나타낸 것이다. 뒷발가락에는 물갈퀴가 있고, 수놈은 다 자라면 앞발톱이 발달하여 전희 행위나 짝짓기에 쓰며, 수놈의 꼬리는 암놈에 비해 굵고 길다. 물의 흐름이 느린 큰 강이나 물풀이 많은 곳을 좋아하며, 물과 뭍을 들락거리고 잡식성이라 물고기, 가재, 올챙이, 귀뚜라미, 수생 곤충뿐만 아니라 수생 식물도 그들의 먹잇감이다. 특이한 것은 이놈들은 침이 분비되지 않고 혀가 고정되어 움직이지 못해서 반드시 물속에서 먹이를 씹어 먹는단다.

어릴 적 한여름에 소 먹이는 오후 시간이면 소는 목에 고삐 돌돌 매어 산자락에 풀어 놓고, 필자는 친구들과 더위를 피하느라자라 목욕한 강물에서 멱감다가 물고기를 잡곤 했다. 버드나무 밑에서 옹기종기 모여 앉아 공기놀이나 땅따먹기도 했었지. 그때 유유자적하다가 가끔씩 물가 돌바닥에 올라와 몸을 말리고 데우며 사방을 지켜보고 있다가도 수상한 인기척이 나면 허둥지둥 부아 돋우듯, 날름 물속으로 내빼던 놈들이 바로 자라다. 옛 추억이 한가득 묻은 '솥뚜껑 같은 자라'를 만났도다!

임금님 머리에
매미가 앉았다?

2013년 2월 27일자 일간지에, 임진왜란 당시 약탈당한 왕실 유물인 세종대왕의 익선관翼善冠이 410년 만에 우리 품으로 되돌아왔다는 기사가 아주 크게 보도되었다. 익선관은 조선시대 임금이 평상복으로 정사를 볼 때 머리에 쓴 관모冠帽를 말한다. 관모는 꼭대기가 2단으로 턱이 지는데 모체帽體는 앞턱이 낮고 뒤턱은 높으며 검은빛의 외올 또는 비단으로 싸고, 뒤에 매미 날개 모양의 뿔 2개가 위쪽을 향해 달려 있다. 매미관이라고도 부르는 이 익선관은 매미蟬 날개翼가 붙은 선익관蟬翼冠인 셈이다. 이런! 멀리 갈 것 없고, 구차한 설명이 필요 없는 것을 그런다. 지금 바로 1만 원짜리 지폐 앞면의 세종대왕을 잘 살펴보면서 앞의 설명을 읽어 보면 이해가 더 잘될 것이다.

관모에 매미 날개가 없는 것은 서리書吏, 날개가 옆으로 난 것은 백관百官, 날개가 위로 선 것은 임금의 의관이었으니, 이는 늘 매미의 오덕五德을 잊지 말라는 뜻이었다고 한다. 오덕은 문文, 청淸, 염廉, 검儉, 신信을 의미한다고 하니, 매미의 입이 두 줄로 뻗어 있는 것은 선비의 늘어진 갓끈을 상징하여 학문을 뜻하며, 태어나서 죽을 때까지 깨끗한 이슬만 먹고 살기에 청정淸淨이 있고, 사람이 가꾸어 놓은 곡식이나 채소를 해치지 아니하므로 염치廉恥가 있으며, 다른 곤충처럼 집을 짓고 살지 않으므로 검소儉素하고, 겨울이 오기 전에 때를 맞추어 죽을 줄 아니 신의信義가 있다고 하였다. 옛사람들이 소쇄瀟灑한 귀공자 풍모를 한 매미의 생태를 이렇게도 속속들이 다 알아채고 있었다니 적이 놀랍다 하겠다. 아무렴, 사랑하면 보인다고 했지.

"맴맴맴" 운다고 매미라 이름 붙여진 매미는 세계적으로 2500종에 이르고 아직 분류되지 않아 이름이 없는 것도 매우 많다고 한다. 우리나라 매미는 15종인데 그중 참매미[*Oncotympana fuscata*]에 대해 간단히 살펴보자. 참매미는 절지동물 곤충류 매미목 매밋과에 든다. 몸길이 35밀리미터, 날개 편 길이는 58밀리미터이며, 대체로 몸 윗면에는 검은색 바탕에 녹색, 흰색, 노란색의 무늬가 퍼져 있고 아랫면은 연한 녹색이다. 큰 겹눈이 머리 양쪽에 툭 불거졌으며, 부라린 두 겹눈 사이에 홑눈이 3개 있고 더듬이가 아주 짧다. 한마디로 다부진 몸매라 하겠는데, 찌르고 빨아먹는 입이 긴 침鍼 모양으로 그것을 나무줄기에 찔러 나무 생즙을 빤다. 그러므로 앞에서 언급한 매미의 오덕 중에 매미가 이슬을 먹고 산다고 했던 것은 사실 사람들의 착각이다!

매미는 알, 애벌레, 어른벌레의 한살이를 하니 번데기 시기가 없는 불완전 탈바꿈(불완전 변태)을 한다. 암놈은 3시간 가까이 신방을 차린 후 배 끝에 달린 바늘 모양의 산란관産卵管으로 죽은 나뭇가지에 지름이 2밀리미터 정도인 알을 보통 5~10개씩, 30~40군데에 낳고 죽는다. 알은 1년 후 허겁지겁 부화하는데 흰 방추형의 애벌레가 된 뒤 비 오는 날을 택해 대번에 땅바닥으로 떨어져 부드러운 흙을 센 다리로 꼬박 30센티미터를 파고 들어가 나무뿌리의 수액을 빨아먹으며 2~7년을 땅속에서 자란다. 그런데 미국 매미들 중에는 13년, 17년마다 생활사를 반복하는 것이 있다고 한다. 하여 생활사가 보통 3년이나 5년인 매미의 천적 사마귀나 말벌과 서로 많이 나는 해가 겹치지 않는다고 한다. 이렇게 하여 애써 천적을 피해 가니, 매미의 지혜로움이 13과 17이란 숫자에 들어 있다 하겠다.

참매미 어른벌레는 7~9월에 나타난다. 한 보름 살려고 길고 긴 세월을 그렇게 공들이며 기다리는 것이다. 매미가 애벌레에서 어른벌레로 되는 것을 날개돋이(우화)라고 한다. 5령에 굴을 파고 나와 자기가 여태 신세진 나무 그루터기를 타고 올라가 둥치나 줄기, 잎에 매달려 날개돋이하여 성큼 어른벌레가 된다. 이리하여 길고 긴 고행, 인고의 시간이 끝난다. 매미 허물, 즉 선퇴蟬退는 하나같이 누르스름한 개흙을 뒤집어쓰고 하늘을 향해 머리를 두고 있다. 부르르 떨며 힘주기 시작한 지 30분쯤 지나면 여리고 창백한 몸이 불쑥 밖으로 튀어나오면서 날갯죽지를 쫙 펴고 건듯 건듯 물기를 말린다. 앳된 놈이 푸석한 얼굴로 날개가 마르자마자 어딘가 어색하게 맥없어 보이는 울음을 터뜨리고 있으면 그 녀석은 틀림없이 수놈이다. 왜냐면 암놈은 음치거든.

매미를 잡아 배를 들춰 보면, 첫째 마디에 흰 뚜껑이 있는데 그 아래에 울음통이 들어 있다. 수놈은 커다랗고 암놈은 코딱지만 하다. 덩치도 수놈이 크다. 울 때는 날개를 약간 벌리고 배를 덩실덩실 치켜올려 아랫배가 실룩거리고 들썩거린다. 매미 배는 안이 비어 있어 그것이 울음통 역할을 한다. 공기가 들락거리면서 울음통 속의 근육을 떨게 하여 맴맴 기운찬 소리를 내는 것. 울음통 속의 얇은 진동 근육이 수축과 이완을 반복하면서 소리를 내면 울음통이 울림을 증폭시킨다. 장대 끝에 말총을 매어 앵앵 우는 매미를 잡으러 살금살금 다가갈라치면 귀신같이 알아차리고 오줌을 찔끔 갈기고 달아나니 맨얼굴에 매미 오줌을 뒤집어쓰기 마련이다. 개구리가 그렇듯이 모두 다 포식자를 놀라게 하는 짓이다!

곤충 중에서 가장 높은 소리인 120데시벨을 내지른다는 매미! 가장 더울 때 가장 높은 음을 낸다고 하는데, 조용하다가는 느닷없이 한꺼번에 울어 제치기를 거듭하여, 연일 꼬리를 물고 이어간다. 밤을 내리 꼴딱 새우는 여름밤의 개구리들도 개굴개굴 왁자지껄 한바탕한 다음에 잠잠하다가 다시 일거에 버럭버럭 한소리를 내지른다. 이는 집단의 힘을 빌려 먹잇감을 노리는 포식자로 하여금 표적을 찾지 못하게 혼란시켜 공격을 피하는 끝내주는 전략이다. 얼마나 슬기로운 행위인지 모른다.

게다가 매미 떼울음이나 개구리 합창은 사랑 노래이기도 하다. 암놈의 마음을 사겠다는 수놈들의 거침없는 골똘한 절규이니 그거야말로 극진한 사랑의 교향곡이요 청순한 사랑의 합창이다! 노루 꼬랑지만큼 남은 생을 꼼짝없이 마감해야 하는 매미들의 처절한 몸부림이라고 여긴다면, 무시로 시끌벅적 질러대는 그들의 소리에 오히려 숙연해질 것이다.

부지런히 일하지 아니하고 놀기만 하면서 편안히 지내는 처지를 "그늘 밑의 매미 팔자"라 하고, 불시에 갑자기 습격함을 일러 "버마재비 매미 잡듯" 한다고 하지. 혹자는 말한다. 남자의 마지막 이름이 '할아버지'라고. 다시 말해서 노생老生인 내 꼬락서니가 속절없이 힘 다 빠진 저 매미 꼴이란 말씀!

해로동혈은 다름 아닌 해면동물
바다수세미렷다!

주례는 결혼식에서 젊은 남녀가 부부가 되어 평생 함께할 것을 굳게 다짐하는 아름다운 언약인 백년가약百年佳約을 강조한다. 부부 금슬과 연관된 말에는 거문고琴와 비파瑟가 합주하여 조화로운 화음이 되는 것과 같이 부부 사이가 다정하고 화목함을 비유하여 이르는 '금슬상화琴瑟相和'와 부부의 인연을 맺어 평생을 같이 즐겁게 지낸다는 '백년해로百年偕老'가 있다. 아울러 이들에 버금가는 것에 같이 늙고偕老 죽어서는 한 무덤에 묻힌다同穴는 '해로동혈偕老同穴'도 있다. 이는 생사生死를 같이하는 부부의 찰떡같은 사랑의 맹세를 비유한 말이다. 3000여 년 전의 중국 고서 『시경詩經』에도 '금슬지락琴瑟之樂인 해로동혈'이라는 말이 있다고 하니 역사가 깊은 말이다.

해로동혈[*Euplectella aspergillum*]은 근육계, 신경계, 소화계, 배설계의 분화가 거의 없는 갯솜동물, 즉 해면동물海綿動物의 일종이다. 폭 2~8센티미터, 높이 30~80센티미터쯤 되는 것이 심해에 살기에 허여멀끔한 모습을 하고 있다. 유리 섬유로 만든 속이 텅 빈 원통형의 바구니 꼴이라 서양에서는 Venus's flower basket이라 부르고, 우리나라에서는 마치 둥근 통 모양을 한 설거지용 수세미를 닮았다 하여 '바다수세미'라는 별명이 붙었다. 따라서 해로동혈은 해면동물인 바다수세미다! 해면은 석회해면, 육방해면, 보통해면 등 세 강綱으로 나뉜다. 바다수세미는 육방해면에 속하고, 여럿이 다닥다닥 무더기로 어우렁더우렁 모여 난다. 우리나라에선 제주도의 서귀포, 세계적으로는 일본, 필리핀, 서태평양, 인도양 등지에 산다. 필자도 바닷가 해변에 드러누워 있는 해로동혈을 가끔 발견했던 적이 있다.

해면동물은 원생동물보다 한 단계 진화한 것으로, 현재 세계적으로 1000여 종이 알려져 있고, 수심 80~1000미터의 깊은 바다에서 고착 생활을 한다. 입수관에서 출수관으로 물이 몸속을 통과할 때 플랑크톤이나 유기물을 걸러서 먹는데, 몸에 편모를 가진 동정세포가 세포내 소화를 한다. 몸 안은 위강胃腔이라는 빈 공간이며, 물은 몸 벽에 있는 수많은 소공小孔으로 들어가 꼭대기

에 있는 1개의 대공大孔으로 나온다. 모양새가 반듯하고 깔끔한 것이 수세미처럼 얼금얼금, 유리질 골편으로 된 그물눈 모양을 하고 있어 물살이 느리고 유기물이 적은 심해의 바닷물이 쉬이 드나들 수 있다.

해로동혈을 부부애의 대명사로 부르는 이유인즉슨, 그 안에는 평생을 함께 살다 죽는, 다시 말하면 해로하는 한 쌍의 동혈새우[Spongicola venusta]가 오롯이 함께 살고 있기 때문이다. 동혈새우는 민물가재를 빼닮은 갑각류이다. 그런데 필자가 찾아본 서양 문헌엔 '새우'라 표현하지 않고 '게'로 나와 있었는데, 새우나 게나 다 갑각류이니 크게 문제될 것은 없다 하겠다. 어쨌든 이놈들은 세계적으로 9종이 있으며, 보통 암놈 성체의 몸길이가 1.5센티미터 정도이고 바다수세미의 위강에 붙박여 산다. 알은 부화하여 유생인 조에아zoea, 미시스mysis 등 여러 단계로 탈바꿈하면서 플랑크톤 생활을 한다. 이렇게 애벌레 시절엔 바다수세미의 틈새를 가까스로 비집고 들락거리다가 이내 안에서 자라 덩치가 커지면 상대적으로 입구가 좁아 갇혀 버리니 한 발자국도 밖으로 나올 수 없게 되고 만다. 그래서 해면이 자라면서 윗부분이 막히기 전에 자리를 잡아야 한다고 한다. 어쨌거나 이 동혈새우는 그 깊고 깜깜한 바닷속에서 꼼짝없이 오도 가도 못하는 신세에, 애오라지 딱 두 마리가 노상 한 해로동혈 속에서 바투 붙어 살아간다! 혹시라도 와글와글 여럿이 갇혔다면 꼭 둘만 남고 나머지는 다그치고 내쳐 결국 죽임을 당한다고 한다. 게다가 처음엔 암수가 일정하지 않아 자라면서 암수로 성전환을 한단다. 그래도 반드시 암수 한 쌍이 들어 있는 것은 아니며, 위강 속에 살고 있는 새우도 해로동혈 해면의 종류에 따라 다르다.

바구니 틈새로 먹을 것이 들어오고, 단단한 실리카로 된 버성긴 어레미網狀 꼴의 그물 속에 들어 있어 다른 포식자에게 습격당할 위험이 없어 연약한 새우가 살기에 마냥 편하고 안성맞춤일 것이다. 그런데 근년에 새로운 연구 결과에 따르면 몸집이 큰 암놈은 옴짝달싹 못하고 감금 상태이지만 몸피가 작은 수놈은 무시로 빈둥빈둥 나들이를 한다고 한다. 생존과 번식이 생물의 본능인 것! 어쨌든 유생들은 스스로 새 가정을 꾸리기 위해 제가끔 그물코 밖으로 나가 또 다른 해로동혈을 찾아 나선다. 너른 바다 다 놔두고 말이지. 세포에 박힌 유전자가 무섭긴 무섭다. 동혈새우는 해로동혈의 몸 안을 청소해 주고, 해로동혈은 새우에게 먹이를 제공하며 서로 돕는 삶, 즉 공생을 하는데, 최근에는 해로동혈에 있는 세균이 발광하여 다른 미생물을 유인하고 그것을 새우가 먹는다는 사실도 알려졌다. 놀랄 만한 일이 아닐 수 없다!

한편 이 보잘것없어 보이는 해로동혈을 채취하여 실리카를 뽑아 윗길의 광섬유나 태양광 전지를 만드는 데 쓴다고 한다. 정말 세상에는 필요 없는 것이 없다! 영국에서는 각별히 매무새가 고출古拙하다 하여 비싸게 팔리고, 일본에서는 이 해로동혈을 곱게 말려 결혼식에 사랑의 징표로 선물한다고 한다.

　어쨌거나 주례사엔 검은 머리가 파뿌리 될 때까지 살라 하고, 축의금 겉봉투에는 백년해로百年偕老라 쓰지 않던가. 진정 칠십 고개를 넘고 나니 새벽 도적처럼 달려든다는 죽음이 그리 두렵다. 세월아, 네월아, 가지를 마라. 선배나 고우故友를 조문하다 보면 남의 일 같지 않게 느껴진다. 그러면서 죽으면 영정 사진은 어떤 것을 쓸까, 누가 문상을 올까, 화장하면 얼마나 뜨거울까 등등 이런 쓸데없는 생각에 잠기기 일쑤다. 그래, 그래. 어머니가 늘 말씀하셨듯이 잠결에 스르르 가야 할 텐데⋯⋯. 죽는 것은 제 맘대로 못한다고 하지. 착하게 살다 아름답게 죽겠다고 선생복종善生福終을 염불처럼 왼다.

빈대도
낮짝이 있다

빈대[*Cimex lectularius*]는 절지동물 노린재목 빈댓과의 곤충이다. 3500년 전에 박쥐에 처음 기생했으나 사람이 동굴생활을 하면서 옮겨 붙었다고 알려져 있으며, 조류나 설치류에도 끼인다. 빈대는 적갈색에다 납작 둥그스름하며, 앞날개는 퇴화하여 흔적만 남아 있고 뒷날개는 숫제 없어서 반시류半翅類라 이른다. 야행성이라 낮에는 침대 틈새나 방구석에 숨었다가 밤이면 득달같이 달려나와 잠자는 숙주의 피를 빠는데, 녀석들은 작은 틈새에 숨기에 알맞게 납작하게 진화한 것이고, 그 특징을 따 번드쳐 굽는 '빈대떡'이 생겨난 것이리라.

　배에는 미세한 털이 많이 나 있고, 몸길이는 4~5밀리미터,

몸 너비는 1.5~3밀리미터이며, 알에서 갓 깬 애벌레(유충)는 투명하고 옅은 색이지만 여섯 번을 허물벗기(탈피)하여 어른벌레(성충)가 되면서 갈색을 띤다. 길쭉하고 예리한 입술 침으로 찔러 피를 빠는데 평시엔 턱밑에 오므려 딱 붙여 둔다. 보통 5~10분이면 피를 다 빨아 배가 빵빵하게 살집이 오르고 새빨개진다. 빈대를 만져 보면 푹 익은 산딸기 냄새나 노린재 냄새가 나는데, 그래서 옛사람들이 빈대를 냄새 나는 벌레, 취충臭蟲이라 했던 모양이다. 물린 자리는 몹시 가렵고 알레르기 반응까지 나타날 뿐만 아니라 이 고얀 놈들이 그토록 한껏 피를 빨고는 벌건 똥까지 싸질러 놓으니 벽지가 피칠갑으로 말이 아니다. 그래도 이놈들이 요새는 좀 기특하게도 쓰이는데 빈대 핏속의 DNA가 90여 일까지도 변하지 않고 성성해서 범죄 과학 수사에도 쓰인다고 한다.

녀석들은 페로몬pheromone을 분비하여 먹이나 짝을 찾는다. 수놈은 날이 휜 기병용 칼을 닮은 음경으로 암놈의 배를 푹 찔러 정자를 몸 안에 넣는다. 그것이 피를 타고 가 난소를 찾아든다. 그래서 암놈들이 상처를 입기도 하지만 다행히 배에 있는 V자 모양의 홈에다 찌르기 때문에 암놈에 큰 해를 끼치지는 않는다고 한다. 다 살게 마련이다. 그런데 물불 가리지 않고 수놈들끼리도 그짓을 하니 다른 수놈들이 페로몬을 분비하여 접근하지 못하게 한단다. 암놈은 하루에 2개의 알을 낳아 사람의 옷 솔기 등에 붙인다. 평생 동안 암놈 한 마리가 낳는 알은 15~500개 정도이다.

옛날에 고⁺ 정주영 현대그룹 명예회장이 직원들을 나무랄 때 "빈대만도 못한 놈"이란 말을 자주 했다고 한다. 그가 스무 살 안 팎 나이에 노동일을 할 적에 허름한 노동자 합숙소에서 지낼 때 일이다. 밤마다 빈대가 하도 덤벼 잠을 못 이룰 지경이라 궁리 끝에 침상의 네 다리에 물을 한가득 담은 세숫대야를 놓았다고 한다. 그 뒤 빈대가 며칠은 뜸했으나 얼마 지나자 또다시 들끓어 가만히 봤더니만, 이놈의 빈대들이 거침없이 뽈뽈 방 벽을 타고 천장으로 올라가 누운 사람의 배 위로 수직낙하를 하더라는 것! 그렇게 빈대에게 한방 먹은 그는 그 하찮은 빈대에게 지혜와 끈기를 배웠노라고 했다. 빈대는 체열이나 체취, 이산화탄소 냄새를 맡고 달려드는데, 더듬이에는 열감지기가 있다고 한다. 종에 따라 다르지만 섭씨 16.1도 이하에선 동면에 들고, 지독한 녀석이라 먹지 않고도 반년 넘게 견딘다.

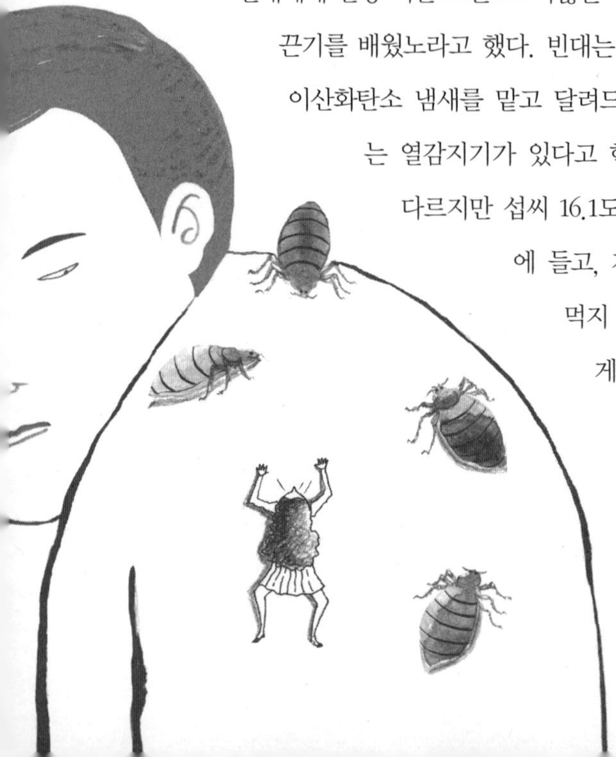

체열이나 체취, 이산화탄소가 자극이

되어 먹잇감을 찾는 것은 모기도 매한가지. 필자가 경기고등학교 선생을 할 때다. 종로 화동에서 지금의 삼성동으로 막 이사를 갔을 때 주변에 절 하나를 제외하고는 온통 전답이었다. 점심시간에는 파리, 저녁엔 모기 등쌀에 숙직하기가 괴로웠지만 숙직실에는 모기장이 있어서 그나마 다행이었다. 그런데 이게 웬일인가? 잠결에 천장을 올려다보니 내 얼굴 바로 위쪽 모기장 너머에 모기들이 새까맣게 달라붙어 있는 게 아닌가. 체열과 날숨에서 나온 이산화탄소가 대류에 따라 고스란히 위로 올라갔으니 거기에서 이 모기들이 나를 "요놈!" 하며 내려다보고 있었던 것! 빈대나 모기가 다 감각기 하나는 예민하여 양성주화성陽性走化性을 터득하고 있었다.

"빈대 잡으려다 초가삼간 태운다."란 쓸데없이 잘못을 저질러서 끝내 위험을 자초하는 경우를 이르는 말이고, "빈대 미워 집에 불 놓는다."거나 "집이 타도 빈대 죽으니 좋다."는 손해를 크게 볼 것을 생각지 아니하고 자기에게 마땅치 아니한 것을 없애려고 그저 덤비기만 하는 경우를 일컫는다. "족제비도 낯짝이 있고 빈대도 콧등이 있다."란 지나치게 염치없는 사람을 나무랄 때를 일컬으며, "빈대 붙다."란 속되게 남에게 빌붙어서 득을 보는 것을 의미한다. "장발에 치인 빈대 같다."는 물건이 몹시 납작하여 볼품이 없거나 봉변을 당하여 낯을 들 수 없게 체면이 깎임을 이르는 말이다. 이렇게 우리 조상들이 빈대에 하도 들볶이고 시달려 그놈들을 좋지 않게 여기는 마음을 이들 속담에서 엿볼 수 있다.

그나저나 오늘의 참이 내일은 거짓이 되는 수가 허다하다. 1940년대 초부터 불티나게 쓰이기 시작하다가 1970년대 초에는 환경 문제로 회수되고 말았던 살충제 DDT 덕에 빈대가 우리 주위에서 거의 사라지게 되었다. DDT 외에도 앞에서 벼룩 이야기를 하며 언급했던 것처럼 연탄가스와도 무관치 않다고 생각한다. 그런데 어찌 된 영문인지 미국 등지에선 느닷없이 2000년대부터 다시 빈대가 나타나기 시작했다고 한다. 그렇다고 미국에서 빈대 잡자고 해로운 DDT 뿌리고 연탄 때서 연탄가스를 누출시킬 수도 없는 노릇인데 이를 어쩐담? 바퀴벌레, 개미, 거미, 지네 따위의 포식자가 이 성가신 빈대를 잡아먹는다고 하나 '생물학적 병충해 방지'도 그다지 용이하지는 않다. 빈대가 꼴 보기 싫지만 저놈들도 징그러우니 이러지도 저러지도 못할 판이다. 그런데 요즘 들어 빈대에 공생하는 세균이 없으면 산란능력이 확 줄어드는 것을 알아내고 그 세균을 죽이는 항생제를 개발하고 있다고도 한다. 부디 그 항생제가 부작용 없이 하루빨리 개발되길 바란다.

만만한 게
홍어 거시기다

어류는 뼈가 딱딱한 경골어류硬骨魚類와 물렁한 연골어류軟骨魚類로 나뉜다. 민물고기는 거의 대부분이 경골어류이고 일부가 연골어류이다. 홍어, 가오리, 상어 무리들이 연골어류에 포함된다. 경골어류는 질소 대사물인 오줌 성분이 암모니아인 데 반해, 연골어류는 엉뚱하게도 포유류처럼 요소尿素이다. 연골어류는 갈비뼈가 없고 뼈에 골수가 없어서 비장에서 적혈구를 만들며, 살갗이 두껍고 비늘에 작은 치상돌기齒狀突起가 있어 매우 거칠다. 또 아가미뚜껑이 없어서 겉으로 5~7개의 아가미가 드러나 있다. 경골어류는 아가미뚜껑을 달싹거려 입에서 아가미로 물을 흐르게 하지만 연골어류는 아가미가 있는 등 쪽으로 물을 줄곧 흐르게 하기 위해 홍어는 몸을 유유히 설렁거리고, 상어는 입을 뻐끔뻐끔 벌렁거린다. 경골어류는 체외수정을 하지만 연골어류는 괴이하게도 체내수정, 즉 짝짓기를 해서 수정란受精卵이 몸 안에서 자라 어린 물고기가 되어 나온다. 알을 뿌리는 것보다 살아남을 확률이 높다는 장점이 있다.

홍어목 가오릿과에 속하는 홍어와 가오리는 노는 물은 다르지만 막역한 사이라 생김새도 참 흡사하다. 그러나 둘을 나란히 놓고 지켜보면, 홍어는 마름모 또는 연鳶 모양으로 주둥이 쪽이 쫑긋 튀어나온 반면 가오리는 대체로 몸이 둥그스름하면서 앞쪽 주둥이도 둥글넓적하다. 그리고 홍어는 배와 등 색깔이 암갈색으로 비슷한 데 비해, 가오리의 배는 등과는 아주 다르게 흰색을 띤다. 무엇보다 삭힌 홍어의 살은 쫀득쫀득 찰지지만 가오리는 흐물흐물하다. 그리고 가오리에는 홍어보다 요소 성분이 조금 적어서 발효시켰을 때 냄새가 홍어보다 코를 덜 쏜다고 한다.

홍어洪魚는 몸이 위아래로 눌려 납작한데, 몸이 넓적해서 '넓을 홍洪' 자를 붙였다고 한다. 눈은 위로 튀어나와 있으며 머리는 작고 주둥이는 짧고 뾰족 나와 있다. 등 쪽은 전체적으로 어두운 갈색을 띠고 군데군데 황색의 둥근 점들이 불규칙하게 흩어져 있다. 머리에서 꼬리까지 넓적한 날개를 닮은 듯한 가슴지느러미가 있고, 아주 작은 2개의 지느러미가 짧은 회초리 모양을 한 꼬리 양쪽에 있다. 바닥 생활을 하며 작은 연체동물이나 새우, 게, 갯가재 등의 갑각류를 먹이로 한다. 체내에서 수정된 4~5개의 수정란을 예리한 가시가 난 알주머니에 싸서 해초에 달라붙인다.

"날씨가 추워지면 홍어 생각, 날씨가 따뜻해지면 굴비 생각"이라는 속담이 있다. 이 속담에서도 알 수 있듯이 바야흐로 찬바람이 불기 시작하는 11~12월이 홍어 잡이 성수기이다. 주로 긴 낚싯줄에 낚시를 촘촘히 매달아 물속에 늘어뜨려 고기를 잡는 '주낙'을 쓴다. 바닷속 깊이 큰 쇳덩어리를 매달아 드리우는데, 낚시에는 멸치, 고등어 등의 미끼 없는 빈 낚시며, 홍어들이 멋도 모르고 날개를 움찔대며 거들먹거리다가 밑바닥에 드러누워 있는 7자 모양의 바늘에 철커덕 걸리는 것이다. 그런데 수놈은 꼬리 양쪽에 하나씩 축 처져 있는 홍두깨 모양의 거치적거려 보이는 긴 교미기가 있다. 이게 도대체 어디에 쓰는 물건인고 하니 홍어나 가오리는 짝짓기를 하려 해도 부둥켜안을 다리도 없고 팔도 없지 않은가. 그래서 홍두깨 닮은 이것이 필요한 것인데, 이 교미기에는 꺼끌꺼끌한 가시가 나 있어서 헐렁해도 일단 둘을 포개 삽입하면 잘 빠지지 않는다. 더불어 날개 모양의 지느러미 끝에도 가시돌기가 있어서 암놈을 덥석 붙들어 잡을 수가 있다. 이러니저러니 해도 다 살게 되어 있다 하더니만 신통방통하도다!

그런데 홍어는 암놈이 크고 맛도 뛰어나다. 옛날부터 홍어를 해음어海淫魚라 불렀으니 홍어 암놈을 줄로 묶어 던져두면 바람둥이 수놈들이 주책없이 달려들다 암놈에 딸려 나온다. 뱃사람들은 수놈 홍어의 교미기가 조업에 방해가 될 뿐만 아니라 잘못하면 여기에 붙어 있는 가시에 손을 다치게 되고, 또 암놈보다 덩치가 작고 맛도 덜해 실속 없는 수놈이 잡히면 시큰둥해한다. 하여 뱃바닥에 냅다 패대기치거나 숫제 물건을 거머쥐고 칼로 댕강 잘라 바다에 던져 버리기 일쑤다. 기분 잡쳤다는 일종의 분풀이다. 그래서 "만만한 게 홍어 거시기다."란 말이 생겨났고, 이 말은 사람대접을 제대로 받지 못할 때 내뱉는 푸념의 말이 되었다. 목포에는 유명한 홍어삼합三合이 있으니, 삭힌 홍어를 돼지 삼겹살과 함께 묵은지에 싸서 먹는 것이다. 여기에 탁주를 곁들여서 먹는 것은 홍탁洪濁이라고 하며, 이른 봄에 나는 보리 싹과 홍어 내장을 넣어 뭉근히 끓인 홍어애국, 회, 구이, 찜, 포 등으로 먹기도 한다. 요즘에는 우리 것이 수요를 따르지 못해 칠레나 아르헨티나의 것이 으스댄다.

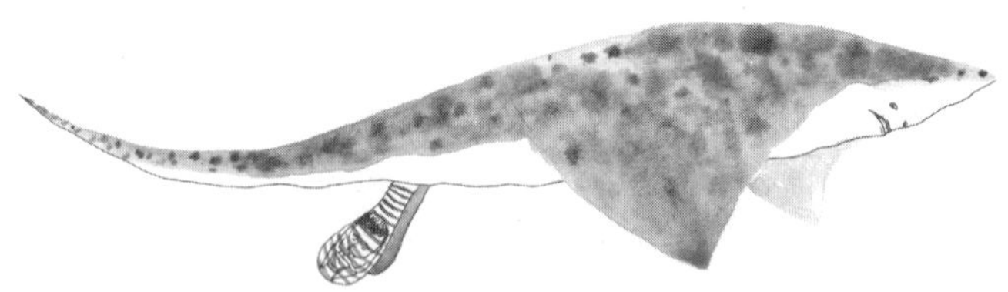

바닷물고기들은 삼투압 작용으로 수분이 바닷물로 빠져나가는 것을 막기 위해 체내에 고농도로 여러 화합물을 녹여 놨다. 홍어는 그중에 요소 성분이 많이 들어 있어서 죽은 다음에 요소가 암모니아로 분해되면서 독특한 지린내를 물씬 풍긴다. 항아리에 짚을 깔고 홍어 얹기를 거듭해 켜켜이 쌓고는 주둥이를 꽉 막아 어둑한 광에 넣어 두니, 숫제 썩히는 것이나 다름없다. 대엿새 지나 항아리를 열면 숨이 턱 막힐 듯한 암모니아 냄새로 꽉 차 있다. 옛날엔 추워서 홍어가 잘 삭지 않는 겨울이면 퇴비 썩히는 두엄자리에 홍어를 던져두기도 했다고 한다. 메주를 띄운다거나 홍어를 삭힌다는 것은 다 일종의 발효醱酵로 사람 몸에 해가 되지 않는 경우를 말한다. 그런데 홍어는 뜸들이기 시작한 후 열흘쯤 되었을 때 이산화탄소와 암모니아가 본격적으로 발생하며 이 암모니아가 다른 세균의 번식을 막아 준다. 그래서 홍어는 얼간을 해 오래 두어도 썩지는 않는다.

이처럼 연골어류는 여느 물고기처럼 쉽사리 썩지 않기에 바다에서 먼 지역의 제사상에는 깨끗이 발라낸 상어 토막이 올랐고, 동해안의 바닷가 여염집 제사에는 아직도 고래고기를 제물祭物로 쓰는 것을 보면 제사도 환경의 산물이었던 것. 모름지기 어버이 살았을 적에 섬기기 다하여라. 사후대탁 불여생전일배주死後大卓不如生前一杯酒라, 죽어 큰 상보다 살아 탁주 한 잔이 낫다!

나무도 아닌 것이
풀도 아닌 것이

조선 중기의 시인 고산孤山 윤선도尹善道 선생의 시조 「오우가五友歌」는 고등학교 때 달달 외웠던 터라 그 빼어난 글이 아직도 소록소록 기억이 난다.

내 버디 몃치나 하니 수석水石과 송죽松竹이라.
동산東山에 달 오르니 긔 더옥 반갑고야.
두어라 이 다삿 밧긔 또 더하야 머엇하리.

이어서 그 다섯 벗을 차례대로 풀어 나가는데, 그중에서 대나무 부분을 보면 다음과 같다.

나모도 아닌 거시 플도 아닌 거시

곳기난 뉘 시기며 속은 어이 뷔연난다.

뎌러코 사시四時에 프르니 그를 됴하하노라.

시인치고 정녕 생물학자 아닌 사람 없다더니만……. 그렇다. 여기서 "나모도 아닌 거시 플도 아닌 거시"라는 구절이 눈길을 끈다. 참 아리송한 식물이다! 대竹를 '나무'라고 말하는 까닭은 줄기가 매우 굵고 딱딱한 데다 키가 큰 것은 30미터를 훌쩍 넘기니 흔히 '대나무'라 부른다. 그런가 하면 대는 외떡잎식물이기 때문에 부름켜가 없어 부피 자람을 못하니 나이테가 생기지 않으며, 봄 한철 후딱 한 번 크고는 자람을 끝내기에 '풀'이라는 것이다. 이렇게 보면 풀 같고 저리 보면 나무 같아서 선생께서도 "나무도 아닌 것이 풀도 아닌 것이"라고 읊으셨던 것이다. 대를 나무라고 여기는 독자는 좀 떨떠름하겠지만, 생물학적으로 풀이하면 '외떡잎에다 부름켜가 없는 탓에' 분명 대는 나무가 아닌 풀이다. '나무'와 '잡풀'은 큰 바람이 불어야 분간이 된다던가?

게다가 대는 벼와 비슷한 식물이다. 대는 볏과 식물로 세계적으로 400여 종이나 되며, 주로 동남아 등의 더운 곳에 번성하는 여러해살이 식물로 무엇보다 꽃 모양이 벼꽃을 닮았다. 앞에서도 한 번 얘기했었지만 동식물이 유전적으로 가까우면 가까울수록 생식기관이 서로 빼닮기 때문이다. 한편 대나무가 꽃이 핀 다음에 꺼림칙스럽게도 졸지에 깡그리 죽어 버리니 그것을 '개화병開花病' 또는 '자연고自然故'라 한다. 종류에 따라서 30년, 60년, 100년 주기로 일어난다고 한다. 하지만 대나무의 생명력은 끈질겨서 일부가 살아남아 몇 년 후면 끝내 다시 대밭을 일궈 놓고 만다. 그리고 믿거나 말거나, 중국 대나무는 꽃에 빨간 열매가 맺히니 그것을 '죽미竹米'라 하여 봉황새가 먹었다고 한다. 죽순은 대나무의 땅속줄기 마디에서 돋아나는 어린 싹으로 '우후죽순雨後竹筍'이란 비가 온 뒤에 홀연히 죽순이 여기저기서 솟는 것처럼 어떤 일이 한꺼번에 많이 생겨난다는 뜻으로 죽순의 뛰어난 성장력을 빗대어 나온 말이다. 여기저기서 무럭무럭 솟아나는 죽순은 하루에 50센티미터 넘게 자라는 것은 일도 아니라 하니 정녕 놈들 두런거리는 소리에 개가 화들짝 놀랄 판이다!

마당 한구석에 쇠뿔 모양으로 삐죽삐죽 솟은 그놈을 뚝뚝 잘라와 여러 겹으로 착착 포개진 매끈매끈한 껍질을 벗긴 다음 끓는 물에 살짝 데쳐서 총총 썰어 초고추장을 찍어 먹었지. 아무렴 "동지선달에 죽순 구하기"만큼이나 어려운 일도 많다. 늦봄인 4월부터 5월까지 캐 먹는 죽순은 키가 40센티미터 정도로 자랐을 때가 먹기에 알맞으니, 아삭거리는 질감과 은은한 향취가 일품이다. 너무 어리면 무르고 너무 자라면 뻣뻣해서 좋지 않다. 다 제철이 있는 법.

죽순은 아침에 캐서 당일에 다 먹어야 한다는 말을 할 만큼 신선도가 중요하다. 시간이 지날수록 떫은맛과 쓴맛이 강해지며 수분이 줄어들어 특유의 풍미가 떨어진다. 한소끔 데치듯 삶아야 하며, 삶는 물에 쌀겨나 쌀뜨물을 넣으면 죽순의 떫고 아린 맛을 없애 준다고 한다. 죽순은 주로 나주, 목포, 순천 등 전라도에서 90퍼센트가량 출하한다고 한다. 하지만 내 고향 경남 산청 근처인 진주에서도 죽순 통조림을 만들기에 집사람이 가끔 사 오는 죽순 통조림으로 나는 고향을 만난다.

옛말에 "충신이 죽으면 대나무가 난다."고 했다. 대나무는 아래로 푹 숙인 바지게 모양의 잎사귀와 텅 빈 속이 겸손과 무욕無慾에 비유되며 덕을 겸비한 선비의 상징이요, 지조와 절개를 표상한다. 대나무 줄기는 곧게 쭉 뻗고 마디마디가 또렷하며, 마디 사이는 속이 비어 통을 이루고, 사이사이는 막혀 강직함을 유지한다. 죽세공을 하기 위해 칼을 대고 내리치면 대나무는 그대로 아래까지 쩍 소리를 내며 쪼개지니 그야말로 '파죽지세破竹之勢' 이다. 이는 대나무를 쪼개는 기세라는 뜻으로 손써 볼 겨를도 없이 순식간에 이루어진 맹렬한 기세를 가리키는 말이다.

대나무는 여러 가지 물건의 재료로 쓰인다. 어디 한번 보자. 곰방대, 대빗자루, 죽통, 대젓가락, 퉁소, 피리, 대금, 활, 대자,

주판, 대소쿠리, 대고리, 대바구니, 대광주리, 목침, 대삿갓, 담배통, 귀이개, 이쑤시개 등등 다 쓰기가 버겁다. 대통에서 몇 번을 걸렀다는 소주, 황토로 아가리를 막고 아홉 번을 구운다는 죽염, 여름에 낮잠 잘 때 끌어안고 자는 죽부인竹夫人과 음력 보름날 달집을 짓거나 건축물 옆에 세우는 지지대 또한 대나무다.

아무튼 우리나라에서 나는 대는 크게 보아 왕대, 조릿대, 해장죽, 이대 등 넷으로 나뉜다. 왕대는 추위에 약하여 중부 이남에만 살며, 모든 죽세공은 이것으로 만든다. 조릿대는 전국의 산허리 아래나 숲속에 가득 나 있어서 쌀을 일 때 쓰는 조리를 만드는 데 쓰인다. 해장죽은 중형으로 중부 이남에 분포하고 부채나 낚싯대를 만들고, 이대는 산기슭에 모여 살며 낚싯대, 부채, 발, 화살, 담뱃대 등을 만든다.

대나무 밭은 방풍은 물론이고 산사태도 막아 준다. 그리하여 내 고향은 마을마다 뒤편에 빙 둘러 길차게 자란 대나무가 병풍을 둘렀으니, 대숲에 조가비 같은 고만고만한 집들이 촘촘히 박혀 있는 모습은 그곳에서만 볼 수 있는 마을 풍경이다. 왕대의 북방한계선인 추풍령 고개를 지나 남으로 내려가면서 이런 풍광이 자주 눈에 띄지 않던가. 그런데 옛날에는 대나무가 제법 비쌌는데 요새는 그것도 아예 외국산에 밀려 똥값이라 한다. 때문에 모름지기 사람이나 물건이나 다 때를 잘 만나야 하는 것.

달팽이 더듬이 위에서 티격태격, 와우각상쟁

느림보 달팽이의 모나지 않은 둥그스름한 모양과 어눌한 품새 탓에 어쩐지 절로 살가운 정감이 가고 기꺼이 마음이 끌린다. 사실 필자는 그 많은 생물 중에서도 보잘것없는 조개, 고둥, 오징어가 속하는 연체동물을 전공하는 사람으로 박사학위를 땅에 사는 달팽이land snail로 받았는지라 별명이 '달팽이 박사Dr. snail'다.

달팽이는 연체동물의 복족강腹足綱 병안목柄眼目 달팽잇과의 동물로 땅에 사는 육산패陸産貝이며, 아마도 밤하늘의 둥근 '달'과 팽글팽글 도는 '팽이'를 닮아 '달팽이'로 붙여진 이름이리라. 군말 말고 곧이곧대로 들어 넘겨도 좋다. 하늘의 달과 땅의 팽이, 둘의 짝지음이 어쩐지 썩 마음에 든다. 옛사람들은 달팽이를 와우蝸牛라 했는데, 행동이 소처럼 느리다는 의미가 들었다. 굼뜨지만 꾸준한 거북이 재빠르고 날쌘 토끼를 이기더라! 느림의 미학을 달팽이에서도 만난다!

달팽이를 자세히 살펴보면 신기하게도 더듬이가 넷이다. 위엔 한 쌍의 큰 더듬이가 있고 밑에는 작은 더듬이가 둘 있다. 뿔이 4개 난 동물! 간들거리는 큰 더듬이 자루 끝에는 똥그란 눈이 올라앉았으니 초점을 맞춰 물체를 잘 보지는 못하지만 명암만은 구별한다. 위에서 병안목이라고 한 것은 더듬이 끝에 눈이 올라앉아 그렇게 부르는 것. 그리고 큰 더듬이는 위로 곧추세워 잇따라 설레설레 흔들어 대는데 아래의 작은 더듬이는 늘 아래로 굽혀 절레절레 흔들면서 냄새나 기온, 바람, 먹이, 천적들을 알아낸다. 큰 더듬이에 '눈'이 달렸다면 작은 더듬이에는 '코'가 달린 셈이다. 그런데 달팽이 눈을 손끝으로 살짝 건드려 보라. 얼김에 눈알이 더듬이 안으로 또르르 쏙 말려 들어갔다가 이내 쪼르르 펴지면서 쏙 나온다. 하여 객쩍고 멋쩍은 일을 당해 민망스럽거나 겸연쩍을 때 "달팽이 눈이 되었다."라고 한다.

치켜세운 더듬이 넷이 제 맘대로 엇갈려 더듬듯 이리저리 한들거리는 것을 보고 있으면 괴이타는 생각이 든다. 예전 사람들은 더듬이들이 내처 서로 째려보고 다투는 것으로 알고 '와우각상쟁蝸牛角上爭' 또는 '와각지쟁蝸角之爭'이란 말을 썼으니, 사실 별

것도 아닌 것을 가지고 제 집안끼리 다투고 있다는 의미로 "거지
제 자리 뜯기"라거나 "제 닭 잡아먹기"와 닮은 말이다. 달팽이에
녹아든 또 다른 말들이 있으니, 입을 꼭 다문 채 좀처럼 말을 하
지 않을 때 "달팽이 뚜껑 덮는다.", 도저히 불가능한 일이라 말할
거리도 안 될 때 "달팽이가 바다를 건너다니.", 달팽이 같은 것도
집이 있는데 하물며 사람으로서 어찌 집이 없겠냐고 할 때 "달팽
이도 집이 있다.", 가만히 있는 사람도 누가 건드려야 화를 내고

덤빔을 비유적으로 "지나가는 달팽이도 밟아야 꿈틀한다."고 한다. 달팽이의 생리, 생태를 속속들이 알지 않고는 이런 속담들을 만들지 못한다. 현명하면서도 해학적인 선현들에게 저절로 고개가 숙여지누나!

달팽이는 주로 부드러운 풀이나 이끼를 먹는 초식 동물로 어린 옥수수나 배추 등 여린 밭곡식을 뜯어먹는 해충이다. 연체동물만 가지는 탄산칼슘이 주성분인 특유의 치설齒舌이 있으니 현미경적으로 보면 수천 개의 치설이 입안에 박혀 있고 이것이 혀와 이빨의 역할을 하여 먹이를 갉아먹는다. 그리고 외투막이 변한 허파로 공기 호흡을 하는 것도 큰 특징인데, 달팽이를 들여다보면 옆구리에 작은 구멍이 열렸다 닫혔다 하니 그것이 공기가 드나드는 숨구멍이고, 껍데기 밑엔 혈관이 한가득 퍼져 있으니 그것이 허파이며, 볼록볼록 달싹달싹 움직이는 것은 심장이다. 그리고 달팽이도 다른 무척추동물처럼 암수한몸이지만 꼭 딴 놈과 짝짓기를 하여 정자를 바꾼다. 달팽이는 사람보다 우생학優生學을 먼저 알아서 제 정자와 난자가 수정되면 좋지 않은 자식이 나온다는 것을 이미 알았나 보다.

우리나라에 110여 종의 육산패가 사는데 그중 논두렁이나 밭가에 사는 가장 흔한 달팽이[*Acusta despecta sieboldiana*]이란 이름을 가진 것이 있다. 느림뱅이 녀석들은 발로 흙구덩이를 파서 지름이 3~4밀리미터인 자잘하고 하얀 달걀 모양의 알 20~30개를 낳고 살짝 덮어둔다. 그러면 약 2~3주 후에 어엿한 새끼 달팽이가 반들거리는 얇고 맑은 집을 둘러쓰고 나오며, 몸집도 더디지만 거듭거듭 몰라보게 늘어난다. 달팽이는 한평생 제 집을 짊어지고 다니기에 이사하지 않아도 되며, 주택부금을 붓지 않는 행복한 동물이다. 천적인 새, 딱정벌레, 도마뱀 등이 나타나면 재빨리 몸을 집 안으로 욱여넣는다.

달팽이지만 껍데기가 없는 민달팽이는 기어간 자리에 가칠가칠한 흰 발자취를 남긴다. 달팽이는 튼튼한 근육발이 파상波狀으로 움직이는데 바닥이 꺼칠하거나 메마르면 발의 움직임이 편치 않다. 그래서 발바닥에서 점액을 듬뿍 분비하여서 그 위를 스르르 쉽게 미끄러져 가는데 그것이 말라 족적足跡으로 남는다. 다음은 소름끼치는 이야기다. 달팽이를 예리한 면도날 위에 놓으면 어떻게 될까? 발이 잘려져 나갈까 아니면 상처를 입을까? 천만의 말씀이다. 발바닥의 점액 분비샘에서 끈적끈적한 진을 내고 그것이 본드처럼 순식간에 굳어지기에 달팽이의 발이 칼날에 닿지 않고 거침없이 날 위를 타고 가거나 넌지시 타 넘으며 공중 돌기를 한다. 간 큰 요술쟁이 달팽이요, 넉살 좋은 꾀보 달팽이다!

서양의 이름난 달팽이 요리 에스카르고escargot는 식용달팽이[Helix pomatia]를 삶아 뽑아낸 살을 잘게 썰고 거기에다 송송 다진 마늘 가루와 버터를 맛깔스럽게 버무린 뒤 빈 달팽이 껍데기에 넣고 오븐에 구운 음식이다. 고급 호텔에서나 맛볼 수 있는데 하도 비싸다 하여 달팽이를 전공한 필자도 언감생심, 아직도 맛을 보지 못했다.

하찮은 달팽이라 여기지 말자. 세상에 쓸모없고 귀하지 않은 것은 없는 법. "하늘은 애초에 뜻 없는 생명을 섣불리 낳지 않고, 땅은 애당초 의미 없는 생명을 함부로 기르지 않는다."고 했다. 두어라. 굼뜨지만 꾸준한 느림뱅이를 닮아 보리라! 사랑하는 내 달팽이, 천세! 만세! 만만세!

이현령비현령이라!

"귀는 익숙한 것을 원하고, 눈은 새로운 것을 찾는다."는 말이 있다. 대개 사람의 귀는 겉귀의 귓바퀴를 이르며, 그것 아래의 귓불이 두툼하고 길게 늘어진 귀를 '복귀'라거나 '부처님 귀'라며 좋게 보지만, 서양 사람들은 그런 큰 귀를 '당나귀 귀donkey ear'라 하며 바보 취급을 한단다. 하여 내 귀는 서양에서는 오히려 복귀로 톡톡히 대접받는다! 그럼 그렇지, 누구 귀인데!

귀는 외이外耳, 중이中耳, 내이內耳의 세 부분으로 나뉘는데, 요즘은 우리말로 겉귀, 가운데귀, 속귀라고도 부른다. 외이와 중이가 소리를 듣는 기관이라면 내이는 청각과 함께 몸의 균형을 유지해 주는 평형기관이다. 외이는 귓바퀴와 외이도外耳道로 구성되며,

소리를 모으는 귓바퀴는 탄성연골彈性軟骨이라 혈관 분포가 적고 신경이 덜 예민하며 피하지방도 거의 없어 온도가 늘 체온보다 훨씬 낮다. 그래서 뜨거운 것을 만지면 손이 반사적으로 그리로 가고, 동상凍傷도 잘 걸린다. 그런데 콧등이나 귓바퀴가 탄성연골이 아니라 딱딱한 경골硬骨로 되어 있었다면 어땠을까? 독자들의 상상에 맡긴다.

중이는 고막鼓膜에서 달팽이관까지를 말하는데, 고막은 두께가 약 0.1밀리미터인 타원형의 탄력성이 높은 막이다. 귓바퀴에 모인 음파가 외이도를 지나 고막에 전달되고, 음파에 고막이 떨면 3개의 청소골聽小骨을 따라 차례대로 음파를 전달하고, 달팽이 모양으로 생긴 속귀의 달팽이관의 림프액에 전달된다. 여기서 '3개의 청소골'이란 고막에 이어진 망치를 닮은 망치뼈, 대장간에서 쇠를 두드리는 받침대인 모루 닮은 모루뼈, 승마 시 발걸이 쇠와 비슷한 고리뼈를 말한다. 그리고 이관耳管이라고 부르는 유스타키오관Eustachian tube은 가운데귀와 목 쪽의 비인두nasopharynx를 연결하는 관을 말하는데, 그 길이는 3~4센티미터 정도로 가운데귀의 압력을 겉귀와 같게 조절한다. 마지막으로 속귀에 있는 반지처럼 생긴 3개의 반고리관은 회전감각을, 전정기관前庭器官은 평형감각을 담당하여 이들에 문제가 생기면 멀미나 어지럼증이 인다.

　필자의 귀는 언뜻 조개껍데기같이 생겼다. 까마득히 먼 반세기 전 대학생 때의 일이다. 나이 지긋한 여승女僧이 인자한 얼굴로 나를 한참 뜯어보더니만 "학생은 귀만 좀 컸으면 참 나무랄 데가 없는데……." 하고 스쳐지나가는 소리를 한 적이 있었다. 그 말이 이렇게 오래 남아 여태 귓가를 맴돈다. 귀가 작아 박복薄福하여 일찍이 아버지 여의고 모진 고생하면서 공부하겠다는 뜻이었을까? 물론 스님이 말한 귀는 귓바퀴를 뜻한다. 귓바퀴의 둘레인 귓전은 안으로 조금 말리고, 그 안은 조글조글 구겨진 주름이 잡혀 음파를 모을 때 중요한 구실을 하니, 밀랍으로 주름 새새를 말끔하게 메워 보면 그것의 역할을 안다. 그리고 토끼나 당나귀 따위는 귓바퀴를 쫑긋 세워서 이리저리 소리 나는 쪽으로 방향을 틀지만 사람은 3개의 인대와 6개의 근육으로 된 동이근動耳筋이 퇴화하여 흔적기관으로 남았다. 그러나 더러는 그것을 좀 움직이는 이가 있고, 자꾸 연습하면 좀 는다고도 한다.

　외이도는 길이 25∼35밀리미터, 지름 7∼9밀리미터로 단면은 난원형이면서 S자형을 한 관이다. 거기에는 가는 털이 많이 나 있으며, 끈적끈적한 회갈색에 가까운 귀지를 만드는 이도선耳道腺과 반드르르한 기름기를 분비하여 외이도를 마르지 않게 하는 피지선皮脂腺이 있다. 이는 전체적으로 보아 모래시계를 닮아 고막 근방이 약간 잘록해지면서 아래로 처진다.

　　귀지는 귓구멍 속에 낀 때를 말하는데 귀밥, 귀지, 귀창 등으로도 부른다. 이는 외이도를 보호하고 먼지를 닦아 내며, 곤충 같은 이물질이 들어오는 것을 막고(귀지에 독성이 있어 곤충이 먹으면 죽음), 세균과 곰팡이도 죽인다. 그러나 부득부득 귀지를 빼거나 물을 닦을 요량으로 귀이개나 면봉을 잘못 쓰면 귀지를 깊숙이 밀어넣어 까딱 잘못하면 고막에 구멍을 내게 된다. 뿐더러 만에 하나라도 외이도에 상처라도 나는 날이면 지독하게 낫지 않고, 세상에서 제일 가렵다는 외이도염이나 귀진균증眞菌症 같은 고질병에 시달리게 된다. 한번은 집사람이 귓병으로 하도 애를 먹기에 대학 병원에 있는 제자에게 전화를 했더니만, 대뜸 "자기 팔뚝보다 작은 것은 귀에 넣지 말아야 한다."고 막말을 한다. 귀에 거슬리더라도 부디 귓등으로 듣지 말고 명심할지어다.

　　귀지는 딱딱한 건성귀지와 갈색이면서 눅진눅진한 습성귀지로 나뉘며, 동양인이나 인디언들은 건성이 많고 백인이나 흑인은 습성이 더 흔하다. 귀지는 외이도의 바깥 3분의 1 자리의 피지선에서 만들어지며 귀지 특유의 냄새가 나고, 스트레스를 받으면 머리에 비듬이 늘듯이 귀지도 많아진다고 한다. 외이도는 알아서 스스로 청소를 하니, 입을 놀려 턱이 움직이면 귀지가 '손톱이 자라는 속도'로 바깥으로 밀려 나온다고 한다. 거참, 신통하도다! 모름지기 내 몸은 내가 알아서 하니 내일 죽을 것처럼 억지로 귀지를 후벼 파지 말라는 말씀!

　수천 년 전부터 귓불에 구멍 뚫기piercing라는 것이 있었단다. '이현령비현령耳懸鈴鼻懸鈴'이란 '귀에 매단 방울, 코에 매단 방울'이라는 말로 "귀에 걸면 귀걸이 코에 걸면 코걸이"라는 속담으로 바꿔 말하기도 한다. 이는 어떤 사실을 두루뭉수리로 이렇게도 저렇게도 해석함을 이르는 말이다. 그리고 귀에 관련된 관용어가 얼마나 많은지 모른다. "귀가 보배라."는 배우지 않았으나 얻어들어서 아는 것이 많다는 뜻이고, "귀에다 말뚝(마늘쪽)을 박았나."는 남의 말을 통 들으려 하지 않을 때 쓰는 말이다. "귀가 얇다."는 속는 줄도 모르고 남의 말을 그대로 잘 믿을 때 쓰고, "귀에 익다."는 들은 기억이 있다는 뜻으로 쓰는 관용어이다. 또 흔히 남이 제 말을 한다고 느낄 때는 "귀가 간지럽다."고 하며, 말을 알아듣게 된다는 뜻으로 "귀가 뚫리다."라는 말을 쓰기도 한다. 일일이 다 거론하기 힘들 만큼 정말 많다. 이는 우리의 삶과 귀가 얼마나 가까운 관계인가를 말하는 것이리라. 귀와 뺨의 어름을 낮잡아 '귀싸대기'라 한다지. 귀싸대기 맞을 일 없게끔 착하고 정직하게 살리라.

복어
헛배만 불렀다

복어는 세계적으로 120여 종이 있는데, 우리나라에는 황복, 까치복, 자주복, 가시복 등 25종이 있다. 모두 다 참복과에 든다. 복어 중에서 제일 잘생긴 놈은 뭐니 뭐니 해도 노란 지느러미에다 희고 검은색의 띠가 고르게 나 있는 멋쟁이 까치복이다. 보기 좋은 떡이 맛도 좋다고 고기 맛도 일품이다. 주로 회나 국, 탕으로 먹는다. 그런데 그 명품인 까치복마저도 저리 가라는 놈이 있으니 바로 황복이다. 복어는 대부분 바다나 바닷물과 민물이 섞이는 반 짠물인 기수汽水에 살지만, 유일하게 민물에도 올라오는 놈이 황복이다. 옛날 사람들은 황복을 바다돼지, 즉 하돈河豚이라 불렀다고 하는데, 물맛 좋은 샘이 먼저 마르고 곧은 나무가 제일 먼저 잘려 나가는 법. 복어 중에서도 으뜸으로 맛있는 황복은 안타깝게도 멸종 직전에 있다.

"복숭아꽃이 지면 복어 먹기를 조심하라."는 말이 있다. 봄에서 여름에 이르는 산란기가 되면 복어가 알을 품고 있을 때인데 역시 옛 조상님들도 복어에 맹독이 들었음을 알고 있었던 것이다. 복어는 특히 늦가을에 맛이 최고라 하는데, 아마도 소량의 독성이 살에 은은히 배어 있어 그럴 것이라는 게 정설이다. 이렇듯 독도 적정량이면 몸에 좋고 아릿한 맛도 일품이다. 어쨌거나 술꾼들은 마냥 복 집을 찾는다. 잘 손질한 복어에 콩나물과 풋미나리를 듬뿍 넣고 무를 듬성듬성 썰어 넣어 한소끔 끓인 뒤, 마늘을 그득 풀어 푹 끓인 희뿌연 복탕 한 사발이면 속쓰림이 감쪽같이 사라진다. 그러나 복어는 가격이 상당히 비싸서 우리 같은 보통 사람은 자주 그 맛을 보지 못하니, 그림의 떡이로다.

그런데 사료를 먹여 키운 황복엔 독이 없다고 한다. 주로 난소나 간에 들어 있으며 창자나 근육에도 조금 들어 있는 신경독인 테트로도톡신tetrodotoxin은 청산가리의 열 배가 넘는 독성을 가졌는데, 그 뿌리가 바다에 사는 비브리오균Vibrio spp.이나 알테로모나스균Alteromonas spp. 같은 세균이다. 복어가 직접 그런 세균을 먹어서 독이 생긴다기보다는 세균을 먹은 갯지렁이나 다른 먹잇감에 묻어 들어온다. 세균도 먹이사슬을 타고 여행을 하니까. 그러나 사육한 황복의 사료에는 그 세균들이 없고 가두리에서 키운 탓에 독이 없다. 바다 복어에게도 고등어 등 무독성 먹이만 먹여 양식했더니 역시 독성분이 검출되지 않았다고 한다.

아무튼 복어 한 마리에 들어 있는 독의 양으로 쥐 몇천 마리를 죽일 수 있다니 가공할 만한 물질이 아닐 수 없다. 조금만 먹어도 혀끝이 얼얼해지고 전신을 움직이지 못하게 되며, 호흡 곤란에 심하면 생명까지 잃고 만다. "복어 알 먹고 놀란 사람 청어 알도 안 먹는다."고 복어가 사람을 잡는다. 그래서 복 집에서는 복어의 내장을 말끔히 들어내 버리고 원심분리기에 넣고 세차게 돌려서 체액 뽑아내는 일을 잊지 않는다.

그런데 복어 독은 쓰임이 다양하다. 보톡스Botox 대용으로도 쓰는데 근육을 이완시켜 주름을 없애며, 말기 암 환자의 진통제로, 야뇨증 치료제, 국소 마취제로도 쓸 수가 있다 한다. 독도 이렇게 잘 쓰면 약이 된다!

"복어 헛배만 불렀다."는 말이 있다. 어디 복어가 배탈이 났는가, 아니면 가스 찬 헛배란 말인가? 복어는 위험에 맞닥뜨리면 공기로 배를 밀어내 빵빵하게 부풀리기에 하는 말이다. 물론 헛배만 불렀다는 비아냥거림은 실속 없이 잘난 척 허세만 부리는 사람을 조롱하는 말이다. 복어는 저보다 더 큰 물고기를 만나거나 잡히는 날에는 입으로 물을 한껏 빨아들여 탄력성이 엄청난

위를 부풀리는데, 공기 중에서는 거기다 공기를 채우니 제 몸통
의 네 배까지 몸을 부풀린다. 허풍인 것이다. 개구리가 황소 따라
배를 불리다가 터져 죽었다는 우화처럼 복어도 객기 부려 상대를
압도하려 드는 것이다. 수탉들이 한판 붙을 때 숫기를 부려 어깻
죽지를 치켜 올리거나 들썩거려 위압을 가하는 것과 다르지 않
다. 서양 사람들도 보는 눈이 우리와 다르지 않아서 복어를
swellfish라거나 blowfish라 부르는데 둘 다 '배불뚝이'란 뜻이
다. 부풀리지 않으면 잘 보이지 않지만 살갗에 예리한 가시돌기가
많고, 또 눈알을 잘 움직이며, 경계색을 가지면서도 몸
색깔을 잘 바꾸기에 '바다의 카멜레온'이라고도
부른다. 그런데 상어는 복독에 아무 해도 입지
않는다고 한다.

"복어 이 갈듯 한다."는 말은 원한에 맺혀 이를 부득부득 가는 사람을 놓고 하는 말이다. 하지만 사실 복어는 이를 갈지는 않는데 목 쪽에서 이상한 소리를 내는 수가 있어 그걸 보고 하는 말이다. 그리고 옛날엔 어부들이 복어를 함부로 다룬 모양이다. 하여 "난장 복어 치듯 한다."는 말이 생겨난 것이리라. 정해진 날에 서는 시골 장인 난장에는 여러 사람들이 뒤죽박죽 모여 떠들썩하니 말 그대로 '난장판'이다. 옛사람들이 복어를 천대했다는 것은 아마도 피를 뽑고 먹는 법을 몰랐던 듯. 그래서 버려지는 하찮은 잡어 내지는 재수 없는 녀석 정도로 취급한 것이 아닌가 싶다. 거저 줘도 눈도 안 돌리던 '바다돼지'가 지금은 부르는 게 값이니 귀물로 대접받는다.

복어는 다른 고기에 비해서 껍질이 두껍고 질겨 박제용으로 안성맞춤이다. 그래서 일본 음식점 여기저기에서 복쟁이가 우리를 반기지 않던가. 물고기 좋아하는 일본 사람들은 그야말로 복어에 환장한다고 한다. 그들은 1년 평균하여 얼추 70킬로그램의 바닷고기를 먹는다고 하는데, 우리도 그들에 뒤질세라 50킬로그램 정도 소비한다고 하니, 물고기들에게 인간은 '아귀餓鬼'로 비칠 수밖에 없다.

미식가들은 복어를 철갑상어 알 캐비아caviar와 떡갈나무 숲에서 자라는 버섯 트러플truffle, 거위 간 요리인 푸아그라foie gras

와 함께 4대 진미로 꼽기도 한다. 우리에게는 『적벽부^{赤壁賦}』로 잘 알려진 중국 송나라의 문인 소동파^{蘇東坡}는 복어 맛은 '사람이 한 번 죽는 것과 맞먹는 맛'이라 했고, 일본에는 "복어를 먹지 않는 사람에겐 후지산을 보여 주지 말라."는 말도 있다고 한다.

보릿고개가
태산보다 높다

아, 봄은 생각만 해도 설렌다! 그 얼마나 시리고 아린 겨울 뒤의 온기요, 생기인가. 산과 들의 풀과 나무가 봄을 맞아 싱싱하게 싹 트는 초목노생草木怒生의 어린 봄이로다! 김칫독 얼어 터진다는 입춘에 '보리뿌리 점占'을 본다. 논밭의 보리이삭을 뽑아 뿌리 가 닥이 둘이면 그해 흉년이 들 조짐이고 셋이면 소출이 좋은 풍년 이 들 징조라는 것. 허나 겨울이 너무 따시면 보리가 웃자라 못 쓰는 법이니 추울 땐 추워야 한다. 어쨌거나 생물들이 신통방통 하여, 가을 무 꽁지가 길거나 껍질이 두꺼우면 겨울이 모질게 춥 고, 까치 녀석들이 집을 높다랗게 짓거나 민물고기 어름치가 자 갈로 쌓는 산란탑産卵塔을 물가에 지으면 그해 여름에는 물난리가 날 전조란다.

　　보리[*Hordeum sativum*]는 외떡잎식물 볏과 식물로, 속이 빈 줄기는 곧고 1미터가 넘으며, 영어로는 barley라고 한다. 발음이 우리말 보리와 비슷한 것은 우연일까? 아니면 원산지인 터키나 이라크의 발음이 흘러온 것일까? 대맥大麥이라 부르는 보리의 잎은 물론 서로 어긋나게 붙고 잎은 나란히맥이다. 가장 오래된 작물 중의 하나로 세계적으로 30여 종이 있으며, 벼를 포함하는 볏과 식물이 그렇듯이 암술 하나에 수술 셋이 한 꽃에 든 양성화로 제 꽃가루받이를 하고 염색체는 14개다.

　　보리의 종류에는 두해살이인 가을보리와 한해살이인 봄보리가 있다. 이름처럼 가을보리는 가을에 심고 봄보리는 봄에 심는다. 그리고 이삭수염이 길고 씨알의 겉겨가 익은 뒤에도 잘 떨어지지 않는 겉보리와 까락이 짧고 씨알이 성숙하면 속껍질과 겉껍질이 잘 벗겨지는 쌀보리, 맥주 원료로 쓰이는 맥주보리가 있다. 보리는 맥아麥芽를 만드는 주원료다. 보리에 물을 붓고 보리알 길이만큼 싹을 틔운다. 보리 씨알이 물을 빨아들여 싹이 트면서 씨눈인 배胚가 발생하면 배젖의 녹말을 말토스maltose로 전환시키는 녹말 당화 효소 따위의 여러 효소가 활성화된다. 이렇게 싹튼 움을 말려 가루를 낸 것이 엿기름이고, 거기에는 탄수화물을 분해시키는 효소가 많이 들어 있어서 엿이나 식혜를 만드는 데 쓴다.

보리가 누렇게 익기를 고대하면서 "사오월 궁절窮節이 태산보다 높다."는 보릿고개를 도통 안 죽고 어물쩍 넘어야 하니 따스한 '봄맛'이 아니라 굶주림에 정녕 '죽을 맛'이었다. 보릿고개를 맥령麥嶺, 춘황春荒이라고도 하는데, 햇보리가 나올 때까지의 넘기 힘든 고개라는 뜻으로, 묵은 곡식은 거의 떨어지고 보리는 아직 여물지 아니하여 농촌의 식량 사정이 가장 어려운 춘궁기를 비유적으로 이르는 말이다. 얼마나 힘들었으면 "보릿고개가 태산보다 높다."거나 "보릿고개에 죽는다."는 말이 생겼겠는가. 굶어 보지 않은 사람은 배고픔의 아픔과 서러움을 모른다. 궁춘窮春에 보릿고개를 무사히 넘기면 그 한 해는 굶어 죽는 것을 면한 것이다. 소 먹이러 가면 풋보리 바심하여 불에 그슬려 손바닥으로 싹싹 비벼 통째로 먹었으니 요기는 되었지.

　설상가상이요, 엎친 데 덮친다고 하던가! 우리네 어린 시절엔 집안 살림들이 워낙 억판이어서 보리밥은 말할 것도 없고 보리죽도 배불리 먹지 못했다. 너나없이 가난을 숙명으로 여기고, 초근목피로 근근이 생명을 부지했으니 안쓰럽게도 기껏 잔디 뿌리에다 띠의 어린싹 삘기, 찔레순, 소나무 속껍질인 송기松肌 등으로 허기진 배를 채웠다. 그놈의 송기에는 타닌tannin이 들어 있어 가뜩이나 제대로 못 먹는 판국에 변비까지 걸리게 해 애를 먹었다. 요즘은 건강식품으로 대접을 받는다는 '보리순 나물'은 그 당시엔

고급 요리였다. 요새 사람들이 보리를 보면 그냥 풀이라고 할 그것이 그때 우리에게는 생명줄이었다. 아, 서러운지고. 요즘 애들에게 이런 이야기를 들려주면 "할아버지, 밥이 없으면 라면 드시지 그랬어요."라 할 것이지만…….

그런데 아무리 배가 고파 약 먹은 병아리 꼴로 비실거리다가도 놀이 하나는 꼬박꼬박 빼먹지 않았다. 강아지도 놀면서 자라지 않는가. 속 빈 보릿대 하나를 쑥 뽑아 손톱으로 적당히 비틀어 토막 내고, 한쪽 끝을 앞니로 꾹꾹 눌러 얇게 피리 입술 만들어 "삐삐" 하고 보리피리를 불었지. 버드나무 껍질로 만드는 것은 버들피리요, 입술에 얇은 풀잎을 끼워 부는 것은 풀피리가 아닌가. 보리피리 소리도 달콤했지만 혀끝에 배어드는 달착지근하고 풋풋한 진물의 맛은 바로 봄맛 그 자체였다. 한편 보리타작은 사람을 골병들게 한다. 여문 보리 베어다 마당에 수북이 쌓아 놓고 도리깨질하여 이삭에서 알맹이를 떨어내는 일이다. 정약용 선생께서 지으신 『보리타작[打麥行]』이 생각난다.

새로 거른 막걸리 젖빛처럼 뿌옇고
큰 사발에 보리밥, 높기가 한 자로세.
밥 먹자 도리깨 잡고 마당에 나서니
검게 탄 두 어깨 햇볕 받아 번쩍이네.

옹헤야 소리 내며 발 맞추어 두드리니

삽시간에 보리 낟알 온 마당에 가득하네.

주고받는 노랫가락 점점 높아지는데

보이느니 지붕 위에 보리 티끌뿐이로다. (후략)

보리 됨됨이가 여북 형편없었으면 "겉보리 서 말만 있어도 처가살이 하랴."란 말이 생겨났을까. 보리밥은 영 근기根基가 없을 뿐만 아니라 섬유소가 많아서 방귀만 뿡뿡 나오기 십상이다. 그래서 바둑도 서투른 바둑을 '보리바둑'이라 하고 윷도 잘못 두면 '보리윷'이라 한다. 그래도 보리는 쓰임새가 매우 많아서 밥, 죽, 누룩, 된장, 숭늉, 보리차, 빵은 물론이고, 속껍질인 보리등겨를 발효시켜 춘장 닮은 개떡장을 만들어 먹기도 했다. 보릿겨와 싸라기를 반죽하여 납작납작한 반대기를 지어 밥 위에 얹어 쪘으니 그것이 개떡이다. 얼마나 신통찮은 떡이었기에 "개떡 같은 자식"이라거나 "개떡 같은 세상"이란 말을 할까. 먹을 게 지천인 요즘에는 보리밥집을 찾는 사람이 더러 있어 가자고 권하지만 나는 한사코 사양한다. 보리밥에 질려 거들떠보기도 싫다. 어리석고 못난 사람을 콩인지 보리인지를 구별 못하는 '숙맥불변菽麥不辨'이라 한다지. 이러나저러나 보리 알곡 한 톨에도 우리 조상님들의 삶과 혼백이 한가득 들었고 그 덕에 우리가 이렇게 살아 있다!

146

우렁이도
두렁 넘을 꾀가 있다

태어나면서부터 어미한테서 집을 받으니 "우렁이도 집이 있다."
하고, 어리석고 못난 사람이라도 다 나름대로의 생각을 갖고 있
음을 "우렁이 속에도 생각이 들었다."라고 한다. 아무리 미련하
고 못난 사람도 제 요량은 있어 한 가지 재주는 있다는 뜻으로
"우렁이도 두렁 넘을 꾀가 있다." 하고, 속으로 파고들면서 굽이
굽이 돌아서 헤아리기 어렵거나 의뭉스러운 마음씨를 비유하여
"우렁이 속 같다." 한다. 또한 우리 설화 중에 '우렁각시'가 있으
니, 가난한 총각이 우렁이가 변한 아름다운 각시와 혼인하였으나
고을 사또가 우렁각시를 빼앗아 갔다는 이야기인데, '나중미부螺
中美婦', '조개색시' 등으로 불리며, 지역마다 이야기 내용은 조

금씩 다르다.

어쨌든 여기서 말하는 우렁이는 지금도 우리의 식탁에 오르는 논우렁이다. 논우렁이는 논은 물론이고 강, 늪지, 연못, 호수 등에 사는 연체동물의 복족류腹足類로 지방에 따라 논고등, 골부리, 골뱅이, 논골뱅이 등으로 불리고 있고, 한자어로 전라田螺 또는 토라土螺라고 한다. 이웃 일본에는 4종이 서식하고 있고, 우리나라에는 논우렁이[*Cipangopaludina chinensis malleata*]와 큰논우렁이[*C. japonica*] 2종이 서식하고 있다. 매끈매끈한 껍데기는 서식지에 따라 옅은 녹색, 흑색, 황색인 것도 있는데, 폭은 3센티미터에 높이는 5~6센티미터 정도의 원뿔형으로, 나층螺層은 5층이고 주둥이는 넓고 둥글며 입을 틀어막는 달걀 모양의 각질 뚜껑이 있다. 물풀, 조류藻類, 진흙 속의 유기물들을 먹으며, 백로 같은 물새들의 먹잇감이 되고 우리나라, 일본, 중국, 동남아, 러시아 등에 분포한다.

옛날에는 갓 잡아 온 논우렁이를 한소끔 삶은 다음 탱자나무 가시로 풋풋한 살점을 뽑아 된장국이나 된장찌개에 넣었다. 보글보글 끓는 툽툽한 된장국에 가뭇가뭇 박혀 있는 논우렁이를 보면 조건 반사로 침이 고이곤 했었지. 구수하고 달착지근하며 쫄깃한 그 아미노산 맛이라니! 그런데 말이다. 요즘에는 이렇게 우렁이가 된장찌개 재료로 애용되어서 일부러 양식을 한다. 그래서 시장이나 마트에서 파는 우렁이는 대부분 양식 우렁이인데, 여기서 조금 마음에 걸리는 게 있다. 이놈들은 원산지인 남미에서 대만, 일본을 거쳐 우리나라로 들여온 섬사과우렁이[*Pomacea insularus*]이다. 녀석들은 우리 논우렁이와 다르게 온실에서 논으로 기어 나와 월동을 한다고 하니 행여나 우리 생태계를 요동치게 하지는 않을지 두고 볼 일이다. 그래도 이 녀석들이 논의 잡초를 먹어 치워서 제초제를 대신하는 오리 농법과 우렁이 농법에 쓰이는 등 아직까지는 별 문제가 없는 듯하다.

논우렁이는 암놈과 수놈이 따로 있는 암수딴몸으로, 알을 낳지 않고 새끼를 낳으니, 몸 안에서 알이 수정하고 발생하여 새끼 고둥이 되어서 태어난다. 이런 발생을 난태생卵胎生이라 하는데, 알을 낳는 난생卵生이나 어미 몸 안에서 양분을 얻어먹고 커서 태어나는 태생胎生과 구별된다. 실제로 난태생 하는 논우렁이를 잡아 보면, 커다란 자궁 안에 꼬마 논우렁이가 한가득 넘쳐난다. 그런데 이놈들이 크면서 어미를 잡아먹는다고 했던가. 하지만 실은 그렇지 않다. 어미 우렁이 몸에서 새끼가 나오니 어미를 죽이고 나오는 것으로 사람들이 착각했던 것이다. 오죽하면 논우렁이와 같이 새끼를 낳는 독뱀의 이름을 어미를 죽이는 뱀이라는 뜻의 살모사殺母蛇라고 지었겠는가.

그리고 땅에 나는 육산패인 달팽이는 더듬이 끝에 동그란 눈이 달려 있지만, 물에 살면서 비슷한 모습의 논우렁이는 더듬이 아래쪽에 눈이 붙었다. 달팽이처럼 더듬이 끝에 눈이 붙는 무리를 병안柄眼, 논우렁이같이 더듬이 아래쪽에 눈이 있는 것들을 기안基眼이라 하여 구분한다. 한편 우렁이는 껍데기만 보고는 암수를 구별하지 못하지만 더듬이를 보면 알 수 있다. 2개의 더듬이를 쭉 뻗으면 암놈은 더듬이가 모두 곧게 뻗어 있는데, 수놈의 더듬이는 오른쪽 더듬이가 작으면서 끝이 살짝 꼬부라져 있다. 그렇게 꼬부라진 수놈의 더듬이는 정자를 암놈의 몸 안에 넣어 주는 생식기 역할을 한다.

누군가는 흘러가는 모두를 사랑한다고 했지. 땅거지나 다름없이 신산辛酸의 역사를 살았던 우리 세대의 촌놈들은 누구나 늦가을이면 '단백질 사냥'에 꽤나 바빠졌다. 벼를 다 베었으니 메뚜기 놈들은 죄다 논두렁이나 언덕배기로 내뺐고, 미꾸라지는 물고랑의 끝물이 갇힌 움푹 파인 물웅덩이에 몰려 있어 동무들과 시끄럽게 부산을 떨며 물을 퍼내고 잡았다. 찬 서리 내리는 소삽한 가을이면 하루가 멀다 하고 이 논 저 논에서 논우렁이 잡기가 한창이었다. 마냥 수굿이 고개 숙여 논바닥에 눈을 박고 살금살금, 차례차례 쥐 잡듯 훑어보면 벼 그루터기 자락에 언뜻 실눈마냥 짜개져 있는 바닥 틈새, 즉 우렁이 숨구멍이 보였다. 큰 구멍에 큰 우렁이가 들었다고 했었지. 경험보다 더한 지식은 없는지라 한눈에 거기에 그놈들이 너부죽이 누워 있음을 대번에 알아챘었다. 논우렁이 잡기는 식은 죽 먹기다. 조상 대대로 논우렁이 잡아 먹은 눈썰미는 이골이 난 유전자가 되어 내림내림 해 온 것. 맨손가락으로 그 숨구멍을 후벼 파면 된다. 필자는 논우렁이 잡는 데에는 달인이었는데 우렁이 숨구멍에 손가락을 푹 끼워 넣어 힘껏 들면 홀라당 씨알 굵은 논우렁이가 딸려 나왔다. 그렇다. 논우렁들은 동면 중이었다. 다시 말하지만 물 한 방울 없이 마른 흙은 꽝꽝 얼어 얼음장인데, 논우렁이는 그 속에서 죽지 않고 살아 있다. 여태 물속에서는 아가미 호흡을 했지만 흙에선 껍데기 안을 둘러싸고 있는 외투막外套膜으로 공기 호흡을 한다. 지독하게 독한 놈이다!

"우렁이 새끼는 어미 뜯어먹고 산다."고 했다. 우렁이 어미는 새끼를 낳고 나면 쇠잔해져 기력을 잃고 시나브로 죽고 만다. 배고픈 새끼 녀석들은 어미고 뭐고 없다. 아니, 모른다. 정녕 너는 눈부시지만 나는 눈물겹고 서럽다. 연어 새끼가 그렇듯이 드디어 어미의 속살을 뜯어먹기 시작한다. 어머니에게서 자주 들었던 슬픈 이야기로 우렁이는 자기의 살을 한 점 남김없이 새끼들에게 먹이로 주고, 자기는 빈껍데기가 되어 조용히 물에 떠내려간다고 한다.

간에 붙었다
쓸개에 붙었다 한다

"간덩이가 부었다."는 말은 요 근래 만들어진 것으로 아마도 철 없이 설친다는 뜻에 가까우리라. 음식을 조금 먹어서 배가 차지 않음을 일러서 "간에 기별도 안 간다."거나 "간에 안 찬다."고 했고, 매우 두렵거나 다급할 때를 비유하여 "간이 콩알만 하다.", "간에 불붙었다." 하고, 매우 춥거나 분할 때 "간이 떨린다."고 하며, 행동이 실없음을 비유하여 "간에 바람이 들었다."고도 한다. 그리고 필자처럼 구김살 없이 철부지로 살아서 예전엔 범보다 무섭다는 마누라를 두렵게 여기지 않았으니(물론 지금은 쩔쩔맴) "간이 배 밖에 나온 간 큰 사람"이란 말을 들어도 싸다. 그뿐인가. 세상 돌아가는 걸 볼라치면 간이 근질근질, 주먹이 운다.

그런데 "간에 붙었다 쓸개에 붙었다 한다."는 말은 어떻게 생긴 말일까? 쓸개(담낭)는 간 바로 아래에 바싹 이웃하여 간과 서로 무람없이 지내는 사이로, 간에서 만들어진 쓸개즙(담즙)을 쓸개에 저장했다가 음식이 위의 유문반사로 십이지장으로 내려오는 날에는 번개같이 주머니를 불끈 쥐어짜서 쓸개즙을 이자액과 함께 십이지장으로 보낸다. 간과 쓸개는 이렇게 서로 이웃할 뿐만 아니라 떼려야 뗄 수 없는 관계다. 그래서 제게 조금만 이로운 일이면 지조 없이 꼴사납게도 아무에게나 달려가 아첨하는 경우를 놓고 "간에 붙었다 쓸개에 붙었다 한다."고 한다. 모름지기 지조를 지킬지어다!

오른쪽 갈비뼈 밑에 자리 잡고 있는 간은 좌·우엽으로 나뉘며 1.5킬로그램이나 된다. 소장에서 다 소화된 영양소들은 일단 문맥門脈이라는 혈관을 지나 간을 거쳐 가기에 간은 우리 몸의 '수위실'인 셈이다. 갈비뼈는 흉강胸腔의 심장과 허파를 보호하고 더불어 횡격막橫膈膜 아래, 즉 복강腹腔에 존재하는 간도 돌본다. 간의 기능은 500여 가지가 넘지만 여기선 몇 가지만 간단히 살펴보자.

첫째, 간은 탄수화물 대사의 결과로 만들어진 포도당을 글리코젠glycogen이라는 다당류로 바꿔 저장한다. 혈당이 부족하면 곧바로 글리코젠을 분해하여 보충해 주니, 사실 아주 추우면 몸

밖의 근육만 덜덜 떠는 게 아니고 배 속의 간도 떨어서 저장해 둔 글리코젠을 분해해 보통 때보다 서너 배의 에너지를 내어 내장이 어는 것을 막는다.

둘째, 간은 몸에 해로운 물질을 죄다 가려내어 해독하고, 지린 내의 주범인 요소尿素도 생성한다. 탄수화물, 지방, 단백질의 3대 영양소 중에서 앞의 둘은 이산화탄소와 물로 분해되어 버리지만, 단백질은 분해되면 이산화탄소와 물 말고도 세포에 해로운 암모니아가 생긴다. 그래서 이것을 간에서 좀 덜 해로운 물질인 요소로 전환시키니 이것을 '요소 회로' 또는 '오르니틴 회로ornithine 回路'라고 한다. 간이 나쁜 사람은 고단백질의 음식을 먹어야 하지만 너무 많이 먹으면 되레 요소 합성을 제대로 못해 암모니아가 간에 해를 끼치니 이런 점이 간 질환자들의 비애다. 역시 과유불급過猶不及이다. 많아도 탈, 적어도 탈인 것이 단백질이다.

셋째, 간은 지방산과 글리세린을 지방으로 재합성하고, 세포막이나 성호르몬이 되는 지방의 한 성분인 콜레스테롤을 합성한다. 당을 지방으로, 또 지방을 당으로 전환하는 일도 하니 밥만 먹어도 살이 찌는 까닭이 거기에 있다. 이따금 간에 턱없이 많은 지방이 저장되는 수가 있으니 '지방간'이라 하는 것! 더불어 간은 몸에서 만들어진 많은 종류의 호르몬 양을 조절하니, 남자는 남성 호르몬과 함께 생기는 여성 호르몬을 파괴하고, 여자는 남성 호르몬을 없애 버리기에 남성다움과 여성스러움을 유지하는 것인데, 늙어서 간 기능이 저하되면 이성異性 호르몬을 쉽게 파괴하지 못하기에 시나브로 남자는 여성화, 여자는 남성화가 일어난다.

넷째, 뼛속에서 만들어진 적혈구도 120일 동안 맡은 일을 다하고 나면 간이나 비장에서 파괴된다. 적혈구가 죽으면 그 속의 헤모글로빈도 분해가 되는데 그것이 노란색을 띠는 빌리루빈bilirubin이다. 그 빌리루빈이 간에서 쓸개로 내려가 대변에 섞이고, 콩팥을 지나 소변에도 묻어 나가니 똥오줌이 누르스름한 것이다. 다시 말하면 적혈구의 추깃물이 대소변의 색이렷다! 어디 그뿐인가. 다들 알다시피 술, 니코틴, 수면제, 항생제 같은 것도 간에서 분해된다. 그러기에 일정한 시간이 지나면 다시 약을 먹는 것이다. 만일 간이 수면제를 분해하지 못한다면 수면제를 먹은 사람은 절대 잠에서 깨어나지 못할 것이다.

이 외에도 간의 기능은 쌔고 쌨지만, 이쯤 해서 간과 나란히 하는 아랫집 쓸개에게로 놀러 간다. 쓸개는 간의 우엽右葉 아래에 붙어 있으며 길이가 7~8센티미터, 폭이 4센티미터로, 아래로 쓸개관이 이어지고 십이지장에 열린다. 간에서 만들어진 쓸개즙을 하루에 0.5~1리터쯤 저장하며, 주로 지방의 소화에 관계하는데, 직접 소화를 시키지는 못하고 간접적으로 소화가 잘 되도록 지방을 젖처럼 만들어 줄 따름이다. 그래서 순수 초식을 하는 말이나 사슴, 고라니 등은 쓸개가 없다.

농으로 하는 소리지만 필자는 졸지에 '쓸개 빠진 놈'이 되고 말았으니, 배를 갈라서 쓸개를 떼어 내고 쓸개관에서 엄지손가락 반 마디만 한 담석膽石, 즉 쓸갯돌을 2개 꺼냈다. 쓸갯돌이 30여 년이나 붙박여 자라 빨대만 한 쓸개관을 막아 버리는 지경에 이르렀던 것이다. 그 통증은 당해 보지 않으면 모른다. 가히 산통에 버금가는 극통極痛이다. 어쨌든 이 또한 툭하면 돌이 생기는 유전자 탓인데 얼른 손대지 않았다면 지금 이렇게 멀쩡히 앉아서 글을 쓸 수 없었을 것이다. 참고로 쓸개관에 생긴 돌이 흔히 담석이라 부르는 쓸갯돌이고, 콩팥 아래 있는 수뇨관에 생긴 돌이 요석尿石이다.

쓸개가 언급되는 고사성어로 '와신상담臥薪嘗膽'이 있다. 중국 춘추전국시대에 오나라의 왕 부차夫差가 아버지의 원수를 갚고자 섶에 누워 잠을 자며 복수를 꾀하여 월나라의 왕 구천句踐을 항복시켰고, 패한 구천은 쓸개를 맛보며 복수를 꾀하여 다시 부차를 패배시킨 고사에서 나온 말이다. 그런가 하면 '간담상조肝膽相照'란 말이 있으니, 간을 꺼내 보인다는 뜻으로 서로 속마음을 터놓고 친하게 지내는 것을 말한다. 아무렴 짧은 인생인데 척지고 살아 좋을 거 있나.

마파람에
게 눈 감추듯

게는 절지동물 중 갑각류로 외골격을 가지고 있어서 겉이 아주 단단하며, 등딱지로 둘러싸인 커다란 머리가슴과 배로 나뉜다. 배는 아주 작아서 흔히 그렇게 작은 것들을 일컬을 때 "게꽁지만 하다."라는 표현을 쓰기도 한다. 다른 말로 "노루 꼬리만 하다."거나 "두꺼비 꽁지만 하다."라는 말과 비슷한 것이지. 머리가슴부의 앞부분에는 자루 끝에 한 쌍의 눈과 두 쌍의 더듬이가 있고, 그 뒤에 집게다리 한 쌍과 걷는 다리 네 쌍이 붙어 있다. 하지만 뭐니 뭐니 해도 갑각류의 제일 큰 특징은 큰 더듬이와 작은 더듬이가 두 쌍인 점이다.

오뚝 눈을 얹은 게 눈자루는 이마의 양옆에 우뚝 솟아 있어서 자유로이 움직일 수 있고, 이마 바깥쪽으로 눈자루에 맞는 홈이 있어 곤두세웠던 눈을 접어 넣어 감출 수 있다. "샛바람에 게 눈 감기듯"이란 게 눈이 샛바람에 얼른 감겨 버리는 모양과 같다는 뜻으로 몹시 졸린 모양을, "마파람에 게 눈 감추듯"은 음식을 매우 빨리 먹어 버리는 모습을 비유적으로 이르는 말이다. 마파람은 알다시피 뱃사람들의 은어로 남풍을, 샛바람은 동풍을 이른다. 그런데 구멍을 파고 사는 게들은 특히 눈자루가 길뿐더러 눈을 움직이는 동작이 날렵하다.

새우 무리와 집게 무리도 다섯 쌍의 다리를 가지고 있으므로 게 무리와 함께 십각류十脚類라 부르는데, 게 무리는 새우나 집게와는 달리 머리가슴이 발달하고 배가 퇴화되어, 머리가슴의 아래에 배가 접혀 붙어 있다. 같은 종류라 할지라도 배의 크기는 암수에 따라 다른데, 수놈의 배딱지는 매우 기름하고 작고 좁으며 앞부분에 배다리가 변한 교접기가 있는 반면에, 암놈의 배는 사방 넓적하고 펑퍼짐하며 거기에 네 쌍의 작은 돌기가 붙어 있고, 또 가느다란 털이 촘촘히 나 있어서 알을 듬뿍 달라 붙이기에 알맞다. 그런데 암놈의 배가 펑퍼짐한 것이 어디 게뿐이랴! 닭과 오리도 암놈 엉덩이가 펑퍼짐하다. 사람도 골반이 커야 순산하듯이 말이지.

보통 바닷가에 사는 게들을 일컬어 '해변의 지배자'라 부른다.

게는 새우나 가재,
따개비 등과 함께
절지동물의 갑각류
甲殼類에 속한다. 여기서
'갑각甲殼' 이란 말은 껍질殼이 딱딱하다
甲는 뜻이며, 특히 커다란 등딱지가 야물어
서 몸을 숨기고 적의 공격을 막기에 제격이다.
게다가 껍질이 딱딱하다 보니 해마다 허물벗기를 해야 몸피를 늘
려 거듭날 수 있다. 그 딱딱한 성분은 큐티클cuticle이란 물질이요
그 껍데기를 약물 처리하여 녹여 낸 것이 키토산chitosan이다. 그
리고 게를 뜻하는 해蟹 자는 벌레 충虫 자에 풀 해解 자를 더해 만들
었는데, 정기적으로 껍데기를 벗는다는 의미가 들었다고 한다.
게는 한자어로 횡행공자橫行公子, 횡행개사橫行介士 또는 무장공자
無腸公子라 부르는데 횡행개사의 '개介'도 '갑甲'과 같이 딱딱함을
의미한다. 도자기의 겉면에 게의 발이 갈라지듯 잘게 난 금이나
도자기의 게 발자국 같은 무늬를 뜻하는 해조문蟹爪紋, 게걸음처
럼 써 나간다는 뜻에서 글을 옆으로 쓰는 것을 뜻하는 해행문蟹行文
같은 말에서도 우리 주변에 게의 자취를 여러 곳에서 낯설지 않
게 볼 수 있으며, 옛날 우리 조상님들의 그림을 보아도 민물의 참
게를 소재로 한 것이 참 많다.

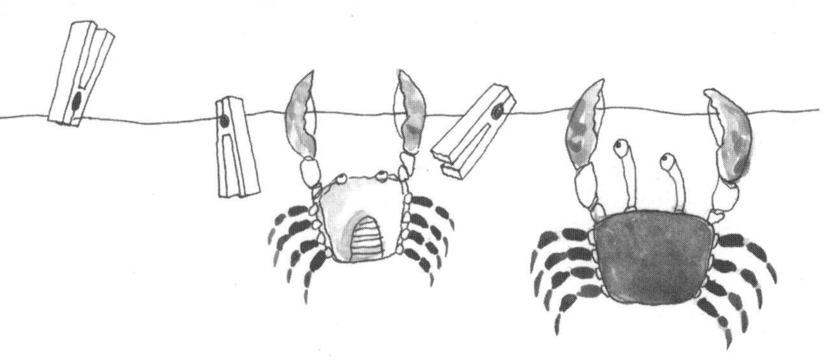

"게 새끼는 꼬집고 고양이 새끼는 할퀸다."와 "게 새끼는 나면서 집는다."는 말은 타고난 천성과 본성은 어쩔 수 없다는 뜻으로 쓰는 말이다. 꼬집고 깨무는 집게발은 빨래집게를 닮았다. 아니, 빨래집게가 게의 집게다리를 본뜬 것이지. 유전적 본능은 속일 수 없다. "게를 똑바로 기어가게 할 수는 없다."란 말은 무엇이나 그 본래의 성질을 아주 뜯어고치지는 못한다는 말이다. 그렇다. 대부분의 게는 옆으로 기는 게걸음 유전자를 가졌다. 그래서 옛날에는 여자가 임신 중에 게를 먹으면 태어난 아이가 옆걸음질을 한다거나 어깃장을 놓는다 하여 임신부에게 게를 먹지 못하게 했단다. 또 과거 시험을 보러 가는 사람도 게를 먹지 않았다고 한다. 그나마 앞으로 달려가도 붙을까 말까 한데 옆으로 게걸음을 걸어서야 어떻게 알성급제謁聖及第를 하겠는가.

"게도 구멍을 둘 판다."는 말은 준비성이 있다는 말로, 이쪽에서 적이 공격해 오면 저쪽으로 도망가겠다는 심보다. 그리고 영어에서 암癌을 뜻하는 cancer란 말의 어원이 게crab에 있다고 한다. 왜 그럴까? 게가 여기저기 옮겨 다니면서 굴을 파듯이 암세포도 한자리에 있지 못하고 다른 조직으로 헤집고 파고들지 않는가. 이른바 전이轉移를 한다는 면에서 암의 어원에 게가 들어가게 된 것이다. 하지만 "게도 제 구멍이 아니면 들어가지 않는다."란 말이 있다. 즉, 게는 남의 영역을 함부로 침범하지 않는다는 뜻인데, 이놈의 암세포는 그렇지 않아 탈이다.

게딱지는 게의 등을 덮는 석회질화한 각피殼皮로 야문 껍데기다. 게 입은 먹이를 걸러서 씹어 먹기에 알맞게 생겼다. 게의 호흡기관은 아가미로, 아가미방 안에 들어 있으며 갑각에 덮여 있다. 공기를 녹이는 게거품은 게가 공기 중에 있을 때 입 밖에 생기는데, 아가미방과 연결되어 있는 구멍을 통해 물이 나간 것이다. 옛날엔 종로에 가을 민물 참게를 새끼줄에 꿰어 파는 사람들이 있었는데, 그 게들이 하나같이 입에 잔뜩 게거품을 물고 있었다. 사람이나 동물이 몹시 괴롭거나 흥분했을 때 입에서 나오는 거품 같은 침도 게거품이라고 하지만 이것은 진짜 게거품이다. 물이 없어도 공중의 산소를 그 거품들에 녹여서 숨을 쉬기 때문에 참게는 쉽게 죽지 않고 오래 살아 있을 수 있다.

부엌을 가까이 하면 이내 과학을 만난다. 요리가 과학이 아니던가. 어느 날엔가 집사람이 살아 있는 꽃게를 사 와서 게장을 담그려고 게를 정갈하게 다듬고 있었다. 철수세미로 억센 갑각과 배를 싹싹 문질러 씻은 다음에 잘 드는 칼로 꿈틀거리는 게의 다리 끝과 넓적한 자리를 탁 내리쳤다. 그런데 저런! 생뚱맞게도 칼이 닿지 않은 다리들도 갑자기 마디마디가 툭툭 떨어지는 게 아닌가! 생물에 대해 좀 안다는 나도 화들짝 놀라 기겁하였다. 그렇다. 자절自切이라는 본능적인 자해행위自害行爲다. 도마뱀이 위기에 몰렸을 때 꼬리를 떼어 주고 도망가듯이, 꽃게도 위기를 느끼면 다리를 떼어 주고 내뺀다. 물론 그 자리엔 금세 거뜬히 새살이 돋는다. 재생한다는 말이다. 실험은 실험실에서만 하는 것이 아니다. 당신이 서 있는 그곳이 바로 어엿한 과학 실험실이다!

구더기 무서워
장 못 담그랴

청명하면서도 저온 건조하여 세균 번식이 덜한 늦가을부터 초겨울에는 바야흐로 메주를 쑨다. 탱탱하게 불린 메주콩을 푹 삶아 절구로 찧고 뭉텅뭉텅 한 덩이씩 뜯어내어 엎치고 메치면서 납작납작하게 목침 크기로 모양을 만든다. 어렸을 때 내 뒤통수가 넓적하고 편평하여 메줏덩어리를 닮았다고 놀림을 받았지. 어쨌든 그런 다음에 볏짚을 깔고 훈훈한 온돌방에 쟁여서 며칠을 띄운다. 꾸들꾸들 어지간히 마르면 지푸라기로 면 따라 사방으로 메줏덩어리를 묶어 따뜻한 방 안 천장에 줄줄이 매달아 겨우내 건사한다. 메주 뜨는 냄새는 역하지만 오랫동안 냄새를 맡다 보면 면역이 되면서 되레 구수하기까지 하다. 이듬해 이른 봄이 되면 메주의 짚을 풀고 꺼내서 땡볕에서 말려 잡균을 죽인다.

이렇게 오랫동안 여러 과정을 거치는 동안에 볏짚이나 공기로부터 여러 미생물이 저절로 묻어 들어가 콩을 발효시킨다. 술은 '빚기', 장은 '담그기', 메주는 '띄우기'라 하는데 여기서 띄우기는 곧 '발효醱酵'다. 그런데 하필이면 왜 바닥에 볏짚을 깔고 지푸라기로 칭칭 묶어 매달까? 지푸라기에 고초균枯草菌이라는 바실러스 서브틸리스Bacillus subtilis 세균이 덕지덕지 묻어 있기 때문인데, 이것을 영어로는 헤이 바실러스hay bacillus라 한다. 풀에도 많지만 주로 흙에 사는 고초균은 막대 모양인 간균桿菌이고 편모鞭毛를 가지고 있어 움직이며 척박한 환경에서도 아주 잘 견딜 뿐만 아니라 서브틸리신subtilisin이라는 단백질 분해효소를 분비하여 콩 단백질을 아미노산으로 바꾼다. 고초균 말고도 사방에 온통 널려 있는 털곰팡이 같은 여러 곰팡이도 메주 띄우기에 관여한다. 하여튼 겉은 꾸들꾸들 마르고 속속들이 고르게 뜨며 노르스름한 색바램에 구수한 냄새가 나는 것이 잘 뜬 메주다.

"메주의 역사는 곧 장醬의 역사다."라고 하듯 일단 메주가 잘 떠야 맛깔난 간장이 나오고 맛난 된장을 얻는다. 새해 2~4월경에 장 담그는 날을 잡아 놓고, 장독을 말끔히 씻은 다음 짚불로 눅눅한 안을 살짝 그을려 살균한다. 그리고 양지바른 햇살 한 자락이 장독 아가리 안에 들게 놔둔다. 자외선(넘보라살) 소독인 것이다. 넘보라살이 뭔지는 몰라도 그게 균들을 죽이는 것은 알았던 더없이 훌륭한 우리 할머니와 어머니! 알맞은 크기로 쪼갠 메주를 장독에 반쯤 채우고 받아 둔 맑은 소금물을 가득 채우고 뚜껑을 덮는다. 독 안 맨 위에는 빨갛게 달군 참숯 몇 덩이와 마른 고추 몇 개를 띄우니 불순물과 냄새를 없애는 일종의 소독이다. 뿐만 아니라 부정을 막자고 장독 아가리 언저리에 새끼줄로 금줄을 치고 하얀 종잇조각을 끼웠다.

장독 위를 헝겊으로 동여매고 그 위에 꼭 맞는 뚜껑을 덮어서 이물질이 들어가지 못하게 하는 것이 좋다. 그런데 햇볕 쨍쨍 맑은 날엔 햇볕을 쬐게 하여 곰팡이 골마지가 피지 못하도록 뚜껑을 열어 두는 수가 있다. 이때 문제가 생긴다. 붉은볼기쉬파리 [*Parasarcophaga crassipalpis*]라는 놈이 된장독 주변을 맴돌다가 이때다 하고 잽싸게 독에 쉬, 다시 말하면 애벌레를 슬어 버리니 그것들이 자라 구더기가 되어 된장, 간장, 고추장에 들끓게 된다. 속담 "구더기 무서워 장 못 담그랴."가 그래서 나왔다.

그런데 어찌 그 짠 된장, 간장에 구더기가 살 수 있을까? 구더기는 염분이 많은 간장, 된장은 물론이고 어촌의 물고기를 말리는 곳에도 득실거리며 울릉도의 오징어 야적장 같은 곳, 생선이나 썩은 고기, 동물의 시체에서 많이 발견되는 종이다. 또 털 많은 짐승의 털구멍에 쉬를 슬어 구더기증을 일으켜 동물의 가죽에 구멍을 송송 내어 모피를 못 쓰게 하는 해충이다.

파리목은 전 세계 10만 종이 있으며, 우리나라에는 1200종이 살고 있고, 그중에서 쉬파릿과의 쉬파리[*Sarcophagidae*]는 우리나라에는 12속 31종이 분포한다. 붉은볼기쉬파리는 파리목 쉬파릿과의 곤충으로 몸길이 13~17밀리미터이며, 수놈과 암놈 모두 생식마디가 적갈색이다. 이마는 검은색이고 얼굴 옆 볼기가 황금빛 가루로 덮여 있어 이런 이름이 붙었다. 더듬이나 아래턱 수염은 진한 갈색이며 목덜미는 황백색 털로 덮였다. 배는 암회색 가루가 섞여 바둑판 모양의 무늬를 이룬다. '쉬파리'란 이름의 '쉬'가 의미하듯 이들은 다른 파리처럼 알을 낳지 않고 알이 어미 배 속에서 구더기로 변해 그것을 낳는 난태생을 한다. 알이 애벌레로 바뀌는 시간을 단축하여 재빨리 어른벌레가 되니 생존에 아주 유리한 생식법이다. 한번에 애벌레를 20~40마리쯤 낳는다.

앞에 장 이야기에 이어서, 한두 달을 그렇게 메주에 든 아미노산을 우려낸다. 간 맞추는 데 으뜸인 간장이 갈색을 띠는 것은 아미노산의 분해 산물인 멜라닌melanin과 멜라노이딘melanoidin 때문이다. 땀 뻘뻘 흘리며 학교에서 돌아올라치면 울 엄마는 부리나케 샘에서 갓 길어온 찬물에 정성스럽게 간장을 타서 주셨지! 꼴딱 침 넘어가게 하는 짭짤한 소금기에 달착지근한 감칠맛이 나는 아미노산이 듬뿍 든, 영락없는 콜라 빛깔의 천연 건강 음료! 운동 후에 먹는 스포츠 음료 따위는 저리 가라다.

간장을 담근 지 40여 일이 지나 장이 익었다 싶으면 독에 떠 있는 메주를 큰 그릇에 건져 내 질척하게 고루 치댄다. 된장을 담을 항아리는 으레 미리 씻어서 햇볕에 바싹 말린 다음 밑바닥에 소금을 좀 뿌리고 녹진녹진한 된장을 담아 꾹꾹 누른 뒤에 웃소금을 덧뿌려 망사를 둘러 항아리 뚜껑을 지그시 덮어 둔다. 이렇게 한 달쯤 두면 된장이 푹 삭으면서 이내 맛이 든다.

된장에도 오덕五德이 있단다. 제 맛을 지켜 나가는 단심丹心의 도道, 오래도록 상하지 않는 항심恒心의 도, 비리고 기름진 냄새를 제거해 주는 불심佛心의 도, 매운 맛을 부드럽게 만들어 주는 선심善心의 도, 마지막으로 어떤 음식과도 잘 조화되는 화심和心의 도를 일컫는다. 정말 멋있게 비유한 맛있는 말씀들이로다!

보글보글 끓는 된장국, 된장찌개……. 입맛을 돋우는 된장 요리를 어찌 여기에 일일이 다 올릴 수 있겠는가. 된장은 입맛을 돋우게 할 뿐만 아니라 누린내나 비린내도 없애기에 삼겹살이나 생선회도 찍어 먹는다. 요새는 재래 된장이 노화 방지, 항산화 효과가 뛰어나다고 칭찬이 자자하다. 원래 간에 좋다는 것은 정설로 알려져 있는 것이고. 오래 묵힐수록 맛나는 간장과 된장!

뱁새가 황새 따라가다
가랑이 찢어진다

"뱁새가 수리를 낳는다."는 속담은 못난 어버이한테서 훌륭한 자식이 난 경우를 뜻하고, "뱁새가 황새를 따라가면 가랑이가 찢어진다."는 힘에 겨운 일을 억지로 하면 도리어 해를 입는다는 말이요, "뱁새는 작아도 알만 잘 낳는다."는 생김새는 작고 볼품이 없어도 제 구실은 다하는 것을 비유적으로 이르는 말이다. 그런데 뱁새가 어떤 새이기에 이런 속담을 만들어 낸 것일까?

뱁새[*Paradoxornis webbianus*]는 참새목 오목눈잇과의 소형 조류로, 등은 적갈색이고 배는 황갈색이며, 머리꼭대기, 날개깃과 날개덮깃은 적갈색을 띠고, 위아래 부리는 모두 어두운 갈색으로 끝은 회색이다. 작고 가늘게 째진 눈을 일러 '뱁새눈'이라 하니,

야물게 붙박인 초롱초롱한 눈알은 작은 것이 조금 오목 들어가 보이고, 홍채는 어두운 갈색이다. 하여 '머리가 붉고 눈이 오목' 하다는 새의 겉모습을 따서 꽤나 긴 '붉은머리오목눈이'란 우리 말 이름을 얻은 것이지. 그런데 왜 '붉은 머리 오목 눈이'라 띄어 쓰기하지 않고 '붉은머리오목눈이'로 붙여쓰기를 하는 것일까? 그렇다. 국명은 아무리 길어도 붙여쓰기로 약속을 한 탓이다. 신문이나 잡지들에서 이 규칙을 지키지 않음을 자주 보는데 그러면 안 된다. 알다시피 학명이나 국명에는 그 생물의 특징이 고스란히 녹아 있는 법. 붉은머리오목눈이를 흔히 '뱁새'라 하고, 북한에서는 '부비새'라고 부르며, 영어 이름은 vinous-throated parrotbill인데 vinous-throated는 '목 부위가 포도주 빛', parrotbill은 '앵무새 부리를 한'이라는 뜻이다.

이 귀여운 녀석들은 숲의 가장자리, 풀숲, 대밭, 갈대밭, 늪지대, 밭 울타리 등에 머물며, 참새목에 속한지라 참새를 좀 닮아 곰상스럽게 생겼다. 몸길이는 11~12.5센티미터로 꼬리는 긴 편이고, 부리는 짧고 콧구멍은 보드라운 깃털로 덮였다. 수놈은 몸 색깔이 진하고 암놈보다 약간 무거워 보통 8.5~11그램 정도 되고, 활동 중에는 긴 꽁지를 좌우로 쓸듯이 흔드는 버릇이 있다. 번식기 외에는 보통 10~20여 마리가 떼거지로 돌아다니며, 시끄러울 정도로 쉬지 않고 짹짹거린다. 무리 짓는 종으로 밭이나 길가를 지나가 보면 한 떼가 울을 타고 길라잡이처럼, 아니면 약 올리듯 몇 발 앞서 재재거리며 폴폴 날아 앞서기를 이어 간다. 오늘도 이렇게 만나 반갑다고 인사하는 것이겠지.

둥지는 인가 가까운 울타리에도 틀지만 흔히 떨기나무나 풀숲에다 튼다. 보통 1미터 안팎의 높은 곳에 마른 풀잎이나 풀뿌리 등을 깐깐히 엮어서 길쭉한 단지 모양으로 튼튼하게 틀고 알자리에는 보드라운 풀이나 깃털들을 깐다. 4~7월에 무늬 없는 타원형의 푸른 알을 한배에 3~4개 낳는다. 먹이는 주로 풀씨와 곤충류들이다. 세계적으로 우리나라, 중국, 일본, 북한, 몽골, 러시아, 대만, 베트남 등지에 서식하고 있다. 우리나라 전역에 매우 흔한 텃새이지만 제주도, 울릉도 등 도서지역에는 서식하지 않는다.

이야기를 잠시 딴 데로 틀어서, 뜬금없이 뱁새 집에 알을 맡기는 뻐꾸기의 탁란托卵에 대해 얘기해 보겠다. 뻐꾸기 무리는 제 스스로 새끼치기를 못하고, 다른 새의 둥우리에 몰래 알을 낳는데 그것이 탁란이며, 다른 말로는 '부화기생'이라고 한다. 지구 전체 새의 약 1퍼센트가 얌체족인 탁란조이다. 그런데 이상한 것은 꼭 저보다 덩치가 작은 새의 둥지를 고른다는 점이다. 아무래도 그래야 나중에 부화한 새끼들끼리 싸웠을 때 제 새끼가 이기리라는 것까지 계산한 것일 터. 그리고 반드시 자기를 키워 준 어미 새와 같은 종의 새둥우리에 알을 맡기니, 키워 준 어미와 자란

보금자리가 이미 각인刻印된 탓일 것이다.

　이렇게 은근슬쩍 바꿔치기하는 새와 탁란 당하는 새가 서로 딱 부러지게 서로 정해져 있다. 예컨대 어미 뱁새가 웅크리고 알을 품고 있다가 잠깐 자리를 비운 사이, 이제나 저제나 빈둥거리며 줄곧 주변을 맴돌면서 안절부절못하고 때를 노리던 어미 뻐꾸기는 허겁지겁 달려들어 성큼 알 하나를 깨 먹거나 슬그머니 굴려 떨어뜨리고는 뱁새 알보다 씨알 굵은 알 하나를 퍼뜩 낳고 얼른 줄행랑을 친다. 그리고 또 딴 둥우리에 가서 그 짓을 한다.

　뱁새 알이 부화하는 데에는 14일이 걸리는데 뻐꾸기 알은 9일이면 부화한다. 그래서 미리 까인 새끼 뻐꾸기 녀석이 10시간 무렵이면 뱁새 알 밑으로 넌지시 기어 들어가 천연덕스럽게 그것들을 제 등짝 위에 올려놓고 들썩들썩 날갯죽지로 균형을 잡으면서 슬금슬금

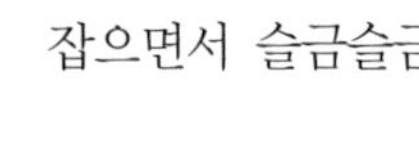

발돋움하여 하나도 빼지 않고 줄줄이 둥우리 밖으로 내팽개친다. 싹쓸이가 따로 없다. 그러고는 시침 뚝 떼고, 새끼 뱁새 소리를 흉내 내어 어서 먹이를 달라고 입을 쫙쫙 벌리며 보챈다. 그런데 제 새끼가 아닌 것을 모르는 어미 뱁새는 눈에 뭐가 씐 걸까? 아 니면 마지못해 알고도 속아 주는 것일까? 어미 몸을 삼킬 듯 훌 쩍 자란 남의 새끼를 애면글면, 금이야 옥이야 보살펴 키우는 눈 물겹고 안쓰러운 어미 뱁새! 죽고 못 산다. 알고 보면 배로 낳은 어미와 가슴으로 기른 두 어미를 가진 새끼 뻐꾸기다.

자, 이쯤 해서 그럼 황새가 어떤 새이기에 뱁새 다리를 찢는지 알아보자. 황새라는 말은 '큰 새'라는 뜻을 가진 '한새'에 그 어 원이 있는 것으로 본다고 한다. 황새는 황샛과의 대표적 조류인 데, 6·25 전쟁 난리통에 노상 휘말리고 사나운 밀렵꾼들 탓에 번 번이 날벼락을 맞아 어이없게도 모두 희생되고 말았다. 황새는 크게 동양황새[*Ciconia boyciana*]와 유럽황새[*C. ciconia*]로 나뉘며, 동 양황새의 몸길이는 약 112센티미터, 편 날개길이는 약 2미터에 달하며 몸무게가 4.4~5킬로그램이나 되는 대형 조류다.

부리와 깃 가장자리는 검은색이고, 하얀 눈을 둘러싼 눈꺼풀 과 눈 가장자리, 턱밑, 다리들은 죄다 붉으며 나머지 부분은 모두 흰색이다. 황새는 제대로 울지 못하는 대신 두 부리를 탁탁 부딪 쳐 "타다다다다" 하는 경운기 소리와 비슷한 소리를 낸다. 공중을 날 때 백로나 왜가리 등 왜가릿과 새무리는 목을 S자로 구부리며 나는데, 황새는 목과 다리를 쭉 뻗으며 부리를 약간 아래로 내리며 난다.

그나저나 황새와 뱁새, 이 두 새가 서로 매무새가 다른 것은 물론이요, 몸무게 5킬로그램에 몸길이 112센티미터인 황새를 몸무게 10그램, 몸길이 13센티미터가 겨우 되는 뱁새가 따라가려 하니 속절없이 가랑이가 찢어질 수밖에 없다! 분수를 지키고 만족할 줄 알지어다.

하루살이 같은
부유인생

하루살이의 대표인 무늬하루살이[*Ephemera strigata*]는 하루살이목 하루살잇과의 곤충이다. 속명 *ephemera*는 ephemeros에서 온 것으로, 하루 또는 단명短命이란 뜻이므로 '명이 짧은 곤충'이라는 의미라 하겠다. 무늬하루살이 어른벌레의 몸길이는 1~2센티미터, 편 날개길이는 3센티미터로 날개가 매우 크고 기다란 꼬리가 둘 있다. 4~7월에 왕성하게 활동하며 서양 사람들은 이 녀석들이 5월에 설친다고 mayfly라고 부른다. 알, 애벌레, 어른벌레의 한살이를 거치는 불완전 탈바꿈을 한다. 여름을 대표하는 곤충이기에 "하루살이에게 겨울 이야기"라거나 "하루살이에게 얼음 이야기"라는 말은, 필자가 어릴 때 진저리치게 헐벗고 쫄쫄

배곯으며 찢어지도록 가난하고 궁핍하게 살았다 하면 요새 사람들이 못 알아듣는 것을 비유적으로 말하는 것이다. 서로 말이 안 통한다 이거지. 하루살이 어른벌레의 몸색깔은 갈색이고 날개의 중앙에 어두운 갈색의 가로 띠무늬가 있다.

우리나라에는 50여 종이, 세계적으로는 2500여 종이 있는데, 전부 하나같이 수명이 짧아서 종에 따라서는 일생이 고작 30분이나 한나절인 것에서 길게는 2~3일 내지 일주일을 사는 것도 있다. 하지만 유생이 강물에서 무려 1년을 살기에 하루살이의 한살이를 그리 짧다고만 여길 것은 아니다. 한통속인 반딧불이나 강도래 등 수서 곤충들의 삶은 모두 짧다는 점에서 오십보백보로 비슷하다. 어쨌거나 하루살이 어른벌레의 입은 흔적만 남았고 소화관엔 공기만 가득 찼으니 먹고 자시고 할 것도 없다. 막상 서둘러 곧 떠나야 하는 하루살이의 유일한 목적은 어디까지나 오로지 번식에 있다! 무슨 수를 써서라도 새끼치기를 끝내야 한다. 단명의 일생이지만 부디 축제의 삶이어라!

어른벌레의 날개는 아주 크고 부드러운 막질膜質이며 시맥翅脈이 발달하였고, 앞날개는 뒷날개보다 훨씬 크며, 뒷날개는 흔적만 있거나 숫제 없어진 무리도 있다. 짧고 유연한 더듬이에 썩 발달한 겹눈 한 쌍과 3개의 홑눈이 있으며, 특히 수놈은 앞다리가 길어서 달라붙거나 공중에서 짝짓기 할 때 암놈을 붙잡는 데 쓴다. 2개의 가냘프고 긴 꼬리와 커다란 모시날개에 길쭉한 배를 뒤로 구부리고 있는 모습은 꽤 그럴싸하다. 멋쟁이 하루살이 암수 모두 한 쌍씩의 생식기를 갖는다. 바람 잔잔한 해거름에 공중에서 세차게 오르내리면서 큰 무리를 지을 때가 바로 짝짓기 하는 시간이다.

짝짓기를 한 다음에 암놈이 호수나 연못, 강물에 알을 낳으면 물이 그것을 떠메고 가 물밑으로 가라앉힌다. 부화한 하루살이 애벌레는 길이가 1~2센티미터이며, 20~30번 거듭나는 탈바꿈을 하면서 보통 1년을 지내는데, 강물의 바위 밑, 부패 중인 낙엽 아래, 여러 침전물이 모여 있는 모래나 흙바닥에 들어가 산다. 애벌레는 몸이 길쭉하고 납작하거나 둥그스름하고, 아주 발달한 일곱 쌍의 아가미를 배에 가지고 있다. 식물성 조류나 규조류硅藻類, 바닥의 유기물 등 초식을 하는 1차 소비자로서, 이렇게 부식물을 먹어 치워 물을 맑게 한다. 하지만 어떤 종은 육식을 하는 것도 있다고 한다.

어쨌든 그렇게 1년 동안이나 물고기들의 밥이 되지 않고 무사히 살아남아야 짧은 하루살이 인생이나마 사랑도 하고 자식도 낳을 수 있다. 일단 불완전한 날개를 가진 어른벌레가 된 다음 가까운 풀줄기에 올라앉아 으쓱으쓱 날개돋이하여 성적으로 무르익으면서 공중으로 날아오른다. 이런 일이 한날한시에 동시다발로 일어나기에 한바탕 불어제치는 사나운 바람과 다름없다. 이때는 온 천지가 하루살이 세상이 되어, 짝짓기 하고 죽어 스러진 시체들이 와르르 떨어지니 무척 곤혹스러운 골칫덩어리다. 마당을 빗자루로 연신 쓸어야 할 판이고 사람한테도 끈질기게 막 달려드니 쩔쩔맬 지경이다. 낚시꾼들은 하루살이 닮은 가짜 '제물낚시'를 만들어 고기를 낚으며, 살아 있는 하루살이를 송어 낚싯밥으로 애용하기도 한다.

그런가 하면 하루살이 애벌레는 오염에 민감한 동물이라 그것들이 사는 물은 아주 깨끗하다는 것이 증명되는 셈이다. 유생은 두고두고 잠자리 애벌레인 학배기나 물거미 등의 먹이가 되고, 어른벌레는 잠자리, 피라미나 갈겨니, 송어 같은 어류들이 즐겨 먹으니 생태계의 먹이사슬이라는 점에서 아주 중요하다. 물의 오염으로 하루살이 애벌레가 살지 못하면 먹이사슬이 와르르 끊어지고 만다. 우리나라에는 하루살이, 꼬마하루살이, 꼬리하루살이, 밤색하루살이, 알락하루살이 등이 산다고 하는데, 아쉽게도 우리나라에서는 아직 이 동물의 분류가 딱 떨어지게 제대로 되어 있지 않다.

하루살이가 작아서 몇 푼어치 안 된다 하여, "쌍태雙胎 낳은 호랑이 하루살이 하나 먹은 셈"이라 하니 쌍둥이 새끼를 낳느라고 배가 홀쭉해진 호랑이가 아주 적은 먹이를 잡아먹은 것과 같아,

먹는 양은 큰데 먹은 것이 변변치 못하여 양에 차지 않음을 비유적으로 이르는 말이다. "쌍태 낳은 호랑이가 강아지 채 먹는 셈"이라거나 "주린 범의 가재다."란 비슷한 속담도 있다.

　하루살이의 일생이 유난히 짧다 하여 다들 아쉬워하지만, 그지없이 버거운 영겁永劫의 세월에 비하면 우리 인생 또한 허무하도록 짧다. 그리하여 '하루살이 같은 인생'을 '부유인생'이라 하여 무상하고 덧없는 인생을 비유적으로 이른다. 우리의 굴곡진 삶이 정녕 이 벌레의 한 목숨과 무어 다르겠는가. 세월에 장사 없어 눈 깜짝할 사이에 사라지는 초로인생草露人生이요, 조로인생朝露人生인 것을!

호박꽃도
꽃이냐

호박은 박과의 덩굴성 한해살이풀로 열대 및 남아메리카 원산이며, 익으면 과피果皮가 황색으로 바뀌는 동양계 호박[*Cucurbita moschata*]이 우리나라에서 가장 많이 키우는 종이다. 쪄 먹는 서양계 호박[*C. maxima*], 덩굴성이 아닌 페포계 호박[*C. pepo*] 등 세 품종이 있다 한다. 다른 과일, 열매가 다 그렇듯이 애호박이 녹색인 것은 엽록체를 가지고 있어 잎사귀 말고도 스스로 광합성을 해 열매 영그는 데 일조하겠다는 심사인 것! 심어 놓기만 하면 무럭무럭 자라 암꽃이 열리는 자리마다 가지 내 그물 치듯 천지사방으로 뻗는다. 딱히 곡식을 심기 어려운 비탈, 손바닥만 한 틈만 있어도 곳곳에 띄엄띄엄 호박 구덕을 파 심으니 동네마다 공터에는 온통 호박밭이다.

흔하면 천대받는 법. 공기와 물도 맑고 많으면 대접받지 못한다. 아름답지 못한 여자를 보고 흔히 "호박꽃도 꽃이냐."라고 얄밉게 빈정거린다. 그런데 천만의 말씀! 앞에서 말했듯이 농촌 어디서나 길게 자라 뻗어나간 줄기는 열 마디가 넘으면 흐드러지게 꽃을 피워 대니 온통 호박꽃이 즐비하다. 너무나 흔해 빠지게 보는 것이 호박꽃이라 그렇게 조롱하는 말이 생겨난 거지 실제로 호박꽃은 탐스러운 노란색인 데다 통통한 것이 무척 아름답다. 암꽃 하나에 수꽃 4～5개가 온 사방 줄지어 피어 있는 호박밭은 그야말로 장관이다!

줄기와 잎은 까칠까칠한 센털이 가득 나 있어 맨살에 스치거나 긁히면 생채기가 심하게 날 정도다. 질긴 덩굴의 단면은 오각형이고 줄기에 난 덩굴손으로 다른 것을 감으면서 올라가지만 개량종은 덩굴성이 아닌 것도 있다. 긴 잎자루를 가진 잎은 어긋나고 심장형 또는 신장형이며 가장자리가 얕게 5개로 갈라져 있다. 꽃잎도 끝이 5개로 갈라지고 샛노랗다! 암꽃과 수꽃이 한 꽃송이에 함께 들어 있으면 양성화兩性花, 따로 피면 단성화單性花라 하니 호박은 단성화다.

"벌은 꿀을 빨지만 꽃을 다치게 하지 않는다."고 하지. 호박밭에는 낯익은 터줏대감 꿀벌 말고도 더 큼직하고 뚱뚱한 호박벌

[*Bombus ignitus*]이 꽃가루를 잔뜩 묻히고 윙윙거리며 바지런히 헤집고 들락거린다. 허둥지둥 날아와 살포시 고개 숙인 채 꽃통 안으로 들어가 옴짝달싹 않다가 불쑥 나올 때는 온몸에 꽃가루를 그득 뒤집어쓰고 나온다. 온몸에 부숭부숭 난 검은 털에 황금색 꽃가루 투성이다. 굶어 배고픈 우리들은 호박벌을 잡아서 머리를 떼어 버리고 배 속의 꽃물 담은 위胃를 끄집어내어 꿀을 쭉쭉 빨았지.

호박은 참 쓸모가 많다. 어린 호박은 통째로 가로 잘라 전을 부치고, 더 자란 놈은 데쳐서 나물로 무쳐 먹는다. 누렁이는 호박죽으로, 꽃은 따서 전을 부쳐 먹고, 줄기 끝자락의 연한 이파리는 데쳐서 쌈으로 먹으며, 된서리 내릴 무렵엔 끝물 암꽃을 통째로 따서 된장에 넣는다. 애호박은 따서 호박오가리로 말려 갈무리했다가 겨울에 나물을 해 먹는다. 어른들이 "어린 호박에 손가락질 하면 썩어 문드러진다."고 했다. 사람도 손가락질을 받으면 오래 살지 못한다는 말과 일맥상통하는군! 그러나 어디 그런가. "호박에 말뚝 박기"나 "호박에 대침 주기"처럼 심술궂고 잔혹한 짓을 우리 악동들은 서슴없이 저질렀지. "호박이 궁글다."란 호박 속이 차지 못하고 비었다는 뜻으로, 머릿속에 든 것이 없음을 이르는 말이다. 아마도 비슷한 뜻을 가진 서양말 pumpkin head도 그런 연유일 터.

　　농사꾼인 필자가 실제로 경험하는 일이다. 호박이 주먹만 해져 따면 또 열리고, 먹을 만해져 다시 따 먹으면 잎줄기는 된서리가 내릴 때까지 성성하게 쉼 없이 넝쿨을 뻗고 새잎이 돋는다. 세력이 한창 좋을 때에는 그 기세가 무섭지만 언제까지나 그럴 수는 없다는 뜻의 "호박덩굴이 뻗을 적 같아서야."라는 속담이 실감날 정도로 하룻밤 자고 나면 저만치 한 발씩 기어간다. 그런데 놀랍게도 바로 옆에 짚으로 튼 타래 밑받침을 한 누렇게 늙은 청둥호박을 매달고 있는 녀석은 이미 초가을에 벌써 말라 죽어 버렸다. 무슨 이런 일이 있담? 하나는 여태까지 청청한데, 딴 놈은 그만 사그라졌다? 앞의 것은 아직 종자를 남기지 못하였고, 옆 구덩이 것은 이미 후손을 남겼다는 것이 차이일 뿐이다. 그렇다. 산다는 것은 다 생존과 번식인 것!

이렇게 우리는 호박에서도 한 수 배운다. 여느 생물이나 오로지 종족 보존에 온 힘을 다 쏟아붓는다. 그런데 여기 세 번째 호박이 있다. 몇 팔 길이밖에 안 되는 오르라든 덩굴에 조막만 한 호박 하나를 딸랑 매달고 죽어가는 놈이다. 환경이 좋지 않으면 서둘러 열매를 맺고 죽는 것은 단지 호박만의 일이 아니다. 환경이 좋으면 영양기관을 한껏 키워 거기에 많은 생식기관을 달아서 풍성한 열매를 맺지만 최악의 환경 조건에서는 영양기관은 나중이고 생식기관을 부리나케 키워 작은 종자를 맺는다는 말이다. 어디 그뿐인가. 온실의 벼를 그대로 두어 씨를 맺으면 줄기가 단박에 말라 죽어 버리지만, 이와 달리 꽃대가 생기면 뽑아 버리고, 또 생겨나면 뽑아 버리기를 하면 몇 년이고 계속 자란다고 한다. 묘한 일이다!

호박이나 벼나 다 같이 후손을 남긴 것들은 "할 일 다 했다." 하고 모두 일찍 죽어 버리고 만다는 말이다. 하지만 종족 보존을 하지 못한 것들은 어떤 수를 써서라도 씨를 남기려고 악을 쓰고 죽기를 거부한다. 정녕 신기하지 않은가? 사람도 세월의 풍화작용이야 어느 누구도 피할 수 없고 막을 수도 없으니 몸을 늘 움직이며 능동적, 긍정적, 진취적으로 살면 늙음을 늦출 수 있다는 것을 이들이 가르쳐 준다. 무엇보다 동심을 잃지 말고 어리게, 철부지로 사는 것이 생기生氣를 유지하는 비결일 듯.

"호박에 줄 긋는다고 수박 되나?"란 근본은 바뀌지 못한다는 뜻이요, "호박이 넝쿨째로 굴러 떨어졌다."는 뜻밖의 행운을 만났을 때를 말하며, "호박씨 까서 한입에 털어 넣는다."란 힘들게 조금씩 장만한 물건을 보람 없이 한꺼번에 써 버리거나 남에게 몽땅 빼앗기는 경우를 이르는 말이다. 이렇게 호박이 우리들에게 많은 교훈을 주는구나! 호박과 사람이 하나도 다르지 않으매……. 그래, 호박꽃도 꽃이다!

꿩 대신
닭이라

평양 전통 요리인 꿩만둣국은 만두소를 꿩고기로 채운다. 하지만 꿩고기는 흔한 게 아니어서 닭고기를 넣기도 했으니 여기서 "꿩 대신 닭"이라는 속담이 나왔다. 꼭 적당한 것이 없을 때 그와 비슷한 것으로 대신하는 경우를 비유적으로 이르는 말인데, 비슷한 속담으로 "봉 아니면 꿩이다."라는 것도 있다. "이 없으면 잇몸으로 산다."란 말은 좀 멀어 보이면서도 가까운 말이 아닐까. 어쨌든 설날 떡국에 꿩고기를 넣은 것은 꿩고기가 맛이 좋기 때문이기도 하지만 꿩을 상서로운 새로 여겼기 때문이라 하겠다. 사람들은 꿩을 하늘 닭이라고 하여 천신天神의 사자使者로 여겼으며, 길조로 생각하여 농기農旗의 꼭대기에도 꿩의 깃털을 꽂았다. 그리고 무당의 모자에 꿩깃을 꽂아 신神의 기운氣運을 받는 매개체로 사용하였고, 장군총의 수렵도를 보면 알 수 있듯이 고구려에서는 신명身命을 다한 개선장군의 머리에 늘 꿩깃을 꽂아 주어 영광榮光과 위용威容을 자랑하게 하였다. 그래서 옛 어른들이 중절모에 꿩깃을 즐겨 꽂았던 모양이다.

방법이야 어떻든 간에 목적을 이루는 것이 중요함을 비유하여 "꿩 잡는 게 매"라 하고, 하려던 일은 못 하고 오히려 저만 손해볼 때 "꿩 잃고 매 잃는 셈"이라 한다. "꿩 구워 먹은 소식"이란 소식이 전혀 없음을, "꿩 구워 먹은 자리"란 어떠한 일의 흔적이 전혀 없음을, "꿩 놓친 매"란 애써 잡았다가 놓치고 나서 헐떡이며 분해하는 모습을 일컫는 속담이다. 어린 꿩을 잡거나 알을 부화시켜 우리에 가둬 키우면 반 가축화하지만 그래도 야성野性을 잃지 않는 습성이 있는데, 이를 두고 "꿩 새끼 제 길로 찾아든다."고 한다. 남의 자식을 애써 키워 봤자 끝내는 낳아 준 어미를 찾아간다는 뜻으로 쓴다.

우리나라 텃새인 꿩[Pheasant]은 닭목 꿩과에 속하여 생김새는 닭과 비슷하다. 암놈은 까투리, 수놈은 장끼, 새끼는 꺼병이라고 부른다. 눈부시게 현란하고 우람한 천하의 멋쟁이 장끼에 비하면 암꿩이야 회갈색에 몸집도 왜소한 것이 볼품이 없고, 새끼 꺼병이도 못생기고 어수룩하며 밉상이다. 그래서 외양이 잘 어울리지 아니하고 거칠거나 엉성하게 생긴 사람을 '꺼벙이'라 부른다. 그리고 암탉[*Gallus gallus domesticus*]과 수꿩[*Phasianus colchicus*] 사이에서 '꿩닭'이 생겨나니 이른바 종간잡종種間雜種이다.

꿩의 원산지는 아시아지만 사람들이 사냥용으로 잡아 '옮겨심기'를 하여 유럽, 아메리카 등 세계적으로 50여 아종亞種이 생겨났다. 특히 우리나라의 수꿩은 목이 푸른색이고 그 위에 흰 줄이 있는 게 특징이다. 옆구리에는 황금색에 흑색 반점이 퍼져 있고, 알록달록한 빛깔이 나는 머리 맨 뒤 양쪽엔 암녹색의 우뚝 솟은 다발 귀깃과 목 부분에 넓적하게 늘어진 붉은 피부인 육수肉垂를 갖고 있으며, 꽁지깃은 18장으로 중앙의 한 쌍이 특히 길다. 돌연변이로 털색이 아주 새까만 개체도 더러 생긴다고 한다. 아무튼 날짐승이나 길짐승의 수놈들은 암놈보다 늘씬하고 늠름한 것이 덩치가 크고 호사스러우며 노래 춤도 앞머리다. 다윈은 이를 '성 선택性選擇'이라 하였는데, 짝짓기에 있어서 궁극적 선택권은 예외 없이 암놈에게 있기에 수놈들은 하나같이 암놈 눈에 들기 위해 멋들어지게 진화하였다는 것이다.

이들은 민가 근처의 야산 자락에 살며 수놈은 땅이 울릴 정도로 "꿩! 꿩!" 하고 동네가 떠나가라 기운차게 소리를 내지만 암놈은 낮은 소리를 낸다. 텃세 부리느라 번갈아 가며 이 골짝 저 골짝에서 힘겨루기 소리를 내지른다. 보통 수놈 한 마리가 암놈 서너 마리를 거느리고 사는 일부다처一夫多妻로 한눈팔지 않고 자나 깨나 암놈들을 지킨다. 찔레 열매나 풀씨, 곡물의 낟알뿐만 아니라 메뚜기, 개미, 거미, 지네, 달팽이 등을 잡식하며, 닭처럼 속살에 속속들이 보들보들한 흙살을 끼얹는 흙 목욕을 하기에 여기저기 땅이 파이고 깃털이 흩어져 있어 그들이 노니는 곳을 짐작할수 있다. 알을 품을 때는 사람이 근처에 가도 대가리만 푹 숙이고 잘 도망가지 않는데, 이럴 때 어미 꿩도 잡고 알도 주워 오면 그야말로 "꿩 먹고 알 먹고"이다. 만일 어미는 도망가고 알만 주워 왔다면 어미 꿩은 서둘러 다시 알을 낳아 품는다. 산란기는 5∼6월이며, 땅바닥에 얕은 구덩이를 파 보드라운 풀을 깔고, 한배에 6∼10개의 알을 낳아 23∼26일 동안 품고, 새끼들은 15주 후면 의젓한 성조成鳥가 된다.

꿩은 날개가 작아 멀리 날지 못하는 대신 달리기를 잘하며, 인기척이 나면 가만히 숨었다가도 화들짝 "꺼겅꺼겅" 하고 큰 소리를 내지르며 시속 43∼61킬로미터의 속도로 치솟아 오른다. 갑작스레 한바탕 호되게 요란 떨어 사람 얼을 빼놓는 사이에 어미는 새끼들을 거느리고 가쁜 숨을 몰아쉬며 득달같이 등성이를 넘는다. "꿩은 머리만 풀에 감춘다."는 속담이 있듯이 녀석들은 냅다 달려가다가도 다급해지면 덮어놓고 풀숲에 대가리만 처박는 습성이 있는데, 타조 또한 위험이 닥쳐 궁지에 몰리면 느닷없이 모래에 대가리만 처박고 애써 외면한 채 숨죽여 죽은 척한다. 경영학에서 타조처럼 위험을 경고하는 목소리에 아예 본체만체 귀를 막아 버림으로써 위기에 둔감해지는 현상을 '타조 효과'라고 부르는데 '꿩 효과'라 해도 될 듯하다.

놈들은 주행성이라 낮에 활동하고 밤에는 풀숲에 숨어 자며, 눈이 많이 내리거나 비가 오는 날에는 대나무 숲이나 나무 위로 올라가 밤을 새운다. 내가 어렸을 때는 꿩을 잡으려고 콩알에 송곳으로 작은 구멍을 뚫어 청산가리를 집어넣고 초로 땜질하여 밭가에 뿌려 두는 방법을 썼다. 겨우내 주린 배를 채우려고 내려온 꿩이 '이게 웬 떡이냐!' 하고 그 콩을 덥석덥석 주워 먹고 생죽음을 당하는 것이다. 그러면 우리는 서둘러 주워 와 내장을 말끔히 들어내고 구워 먹었다. 고전소설 「장끼전」에도 이 콩알 이야기가 나오니, 다음은 까투리의 푸념 한 대목이다.

"첫째 낭군 얻었다가 보라매에 채여 가고, 둘째 낭군 얻었다가 사냥개에 물려 가고, 셋째 낭군 얻었다가 포수 총에 맞아 죽고, 이번 낭군 얻어서는 콩알이 원수로다."

망둥이가 뛰니
꼴뚜기도 뛴다

"망둥이가 뛰니 꼴뚜기도 뛴다."거나 "숭어가 뛰니까 망둥이도 뛴다."는 말은 남이 한다고 하니까 분별없이 덩달아 나서거나, 제 분수나 처지는 생각하지 않고 잘난 사람을 덮어놓고 따름을 비유적으로 이르는 말로, 탄탄한 심지心志를 잃지 말고 부화뇌동附和雷同, 경거망동輕擧妄動 하지 말라는 경구警句가 배어 있다. 실제로 질펀한 갯벌 바닥에서 우두커니 요지부동하다가 사람이 가까이 가면 그제야 폴짝폴짝 뛰면서 물속으로 잽싸게 도망치는 놈이 바로 망둥이다.

"망둥이 제 동무 잡아먹는다.", "망둥이 제 새끼 잡아먹듯."이란 속담은 동류同類나 친척 간에 서로 싸우는 것을 비유적으로 이르는 말이다. 정녕 녀석들은 육식성에다 먹새가 엄청 좋은 어류라 너무 배고프면 제 동무를 잡아먹기도 한다. 낚시꾼들이 망둥이의 이런 습성을 잘 아는지라 망둥이를 잡아서 토막 내어 망둥이 잡는 미끼로 쓴다고 하지 않는가. 친구 살점인지도 모르고 아귀다툼을 하면서 덥석덥석 물어 버리는 아둔하고 소갈머리 없는 망둥이다. 하긴 장님 제 닭 잡아먹듯이 제 살 제가 베어먹는 멍청한 짓하는 동물이 어디 망둥이뿐이겠는가. 꼴뚜기도 어리석은 걸로는 몇 손가락 안에 드는 모양이다. 그래서 "어물전 망신은 꼴뚜기가 시킨다."는 말은 못난 사람일수록 같이 있는 동료까지 망신시킨다는 말이다. "장마다 꼴뚜기 날까." 하는 속담도 있는데 언제나 자기 마음에 드는 좋은 기회만 있는 것은 아니라는 뜻이다. 일단 꼴뚜기 이야기는 다음 기회로 미루고 여기서는 망둥이를 해부한다.

실속도 없이 남이 하는 대로 멀뚱히 따라 하는 어리석은 어류 망둥이와 연체동물 꼴뚜기! 망둥이도 가지각색이라 우리나라만 해도 60여 종이 넘게 살고 있는데 더 조사하면 100여 종이 될 것이라고 한다. 세계적으로는 2000종이 넘는다. 망둥이는 망둑엇과에 속하는 바닷물고기를 총칭하며 망둑어, 망어, 망동어 등으로 불리기도 한다. 이들은 우리나라의 전 연안 및 일본에 널리 분포하며, 바닷가 내만內灣 성 어종으로 기수에 주로 살며, 몸길이는

10~20센티미터 정도로 길쭉하며 원통형이다. 몸색깔은 담황갈색 또는 회황색이며 옆구리에 5개 정도의 불분명한 회흑색의 줄무늬가 있다.

그런데 우리나라에 사는 망둥이의 생태, 습성 등은 아직도 알려진 것이 너무 적어 이들의 진짜 세계를 모르고 있다. 그래도 그중에서 제일 잘 알려졌다는 문절망둑[*Acanthogobius flavimanus*]을 살짝 들여다본다. 문절망둑 역시 농어목 망둑엇과의 어류로 강과 바다가 만나는 하구河口에 무리지어 살며, 때로는 강을 거슬러 올라가기도 한다. 강에도 망둥이를 쏙 빼닮은 밀어密魚라는 민물고기가 있으니 해산어가 진화하여 담수어가 된 전형적 예다. 문절망둑의 영어 이름은 yellow fin goby로, 즉 '노랑 지느러미 망둥이'라는 뜻이다. 여기서 goby는 라틴어인 gobio에서 파생된 것으로 '바닥에 사는 작은 고기'란 뜻을 담고 있다고 한다.

망둥이는 몸이 원통형으로 길고, 몸길이가 10~20센티미터지만 최대 25센티미터나 되어 작은 생태만 한 놈도 있다. 머리는 위아래로 약간 납작하고 꼬리 부분은 옆으로 납작하며, 다른 모든 망둥이가 그렇듯이 머리와 입이 크고 위턱과 아래턱의 길이가 거의 같으며 턱에는 이빨들이 줄지어 나 있다. 특이한 것은 다른 물고기들은 등지느러미가 대부분 1개인데 망둥이는 등지느러미가 2개 있고, 가슴지느러미 둘이 하나로 합쳐져서 둥근 빨판으로 변형되었으니 그것으로 바닥이나 돌 따위에 달라붙는다. 묘한 진화를 하였도다!

바닥이 진흙이나 모래로 이루어진 강 하구 근처에서 떼 지어 사는데, 보통 때는 이렇게 얕은 바다에 살지만 겨울이 오면 좀 더 깊은 바다로 이동하여 월동한다. 가리지 않고 아무거나 잘 먹는 탐식성이라 갯벌에 사는 갯지렁이나 갑각류, 물풀, 바닥의 유기질을 먹는다. 물이 차가워질 때 짝짓기를 하는데, 이때 혼인색婚姻色으로 수놈 배지느러미 부근이 검게 변하며, 입이 커지고 입술이 두꺼워진다. 또 수놈은 5센티미터가 넘는 Y자 모양의 굴을 파 암놈이 알 낳을 공간을 마련하며, 암놈이 이 굴 저 굴을 살펴보다가 마음에 드는 굴의 주인과 짝짓기를 한다. 허, 그놈들 참……. 약 6000~30000개의 알을 낳으며, 수놈이 알이 부화할 때까지 알을 지키니, 가시고기나 둑중개가 그렇듯이 여러 물고기들이 지극한 부성애를 발휘하는 대표적 예라 하겠다. "눈에 보이는 것 모두가 부처님"이라는 말이 있듯이 이들 미물微物 물고기가 우리 선생님임에 틀림없다. 알은 한 달 후에 부화하고, 보통 1~2년 뒤에 짝짓기가 가능할 만큼 성장한다. 이것들이 오염에 꽤나 강한 편이라서 수질이 좀 나빠도 잘 살지만, 최근에는 서식지를 앗아가는 간척 사업 등으로 아쉽게도 살 곳을 점차 잃어가고 있다.

새우나 갯지렁이들의 미끼를 이용한 낚시로 쉽게 잡을 수 있기 때문에 낚시꾼들에게 인기가 많다. 망둥이를 잡아서 회를 떠서 먹기도 하고, 구이, 찜, 매운탕으로 먹지만 배를 갈라 꾸덕꾸덕 말려서 굽거나 탕을 끓여 먹기도 한다. 망둥이탕 하면 누가 뭐래도 강원도 동해안 지방에서 즐겨 먹는 꾹저구탕이 가장 대표적일 것이다. 망둥이의 일종으로 손가락만 한 녀석들이 강이나 바다에도 살지만 물길을 타고 논에까지 거슬러 올라오니 이놈들을 잡아서 추어탕처럼 뼈를 추려 내고 탕을 끓이면 국물이 시원하기 짝이 없다.

그건 그렇다 치고, 요 근래 들어 보지 못한 전대미문의 사건이 또 터졌다. 우리 문절망둑 녀석이 미국의 샌프란시스코와 호주의 시드니에서 발견된다고 하니 말이다. 어떻게 이런 일이 일어날까? 외래종이 우리나라에 들어와 난리친다고 야단했지만 우리 것이 외국에 나가 설치는 것은 잘 모르고 있었다. 앞에서 우리나라 가물치, 잉어, 갈대, 칡 등이 다른 나라에 건너가서 판을 치고 있다는 것을 언급했었는데, 망둥이까지 외국에 나가서 날뛴다니 필자는 참 통쾌하다. 국위 선양은 이렇게 하는 것일까? 일본이나 우리나라 화물선을 타고 가서 종자를 널리 퍼뜨리고 있다니 그놈들도 끈질긴 우리들을 닮아 살지 않는 곳이 없을 모양이다. 그래, 오대양을 마음껏 휩쓸어라! 문절망둑 만세!

이름 없는 풀의 이름,
그령

'결초보은結草報恩'이란 풀을 묶어 은혜를 갚는다는 뜻으로 죽어서도 은혜를 잊지 않고 갚음을 이르는 말이다. 거기에 얽인 고사를 소개한다.

옛날 중국 춘추시대의 진晋나라에 위무자魏武子라는 사람이 있었다. 그에게는 사랑하는 첩이 있었는데 그녀에게서는 자식이 없었다. 그러던 어느 날 자신이 병들었음을 안 위무자는 아들 위과魏顆를 불러서 자기가 죽거든 첩을 다른 사람에게 시집보내라고 하였다. 그러다가 병이 악화되자 다시 아들을 부르더니 이번에는 자기가 죽거든 그녀를 죽여서 함께 순장殉葬해 달라고 하였다. 얼마 뒤

위무자가 죽자 아들 위과는 그 첩을 죽이지 않고 다른 사람에게 시집을 보냈다. 그 후 선공宣公 15년 7월에 진秦나라가 진晉나라로 쳐들어와 보씨輔氏라는 곳에서 전쟁을 벌이게 되어 위과는 두회杜回라는 적장과 싸우게 되었다. 그러다 두회가 위과에게서 도망을 가고 있는데, 한 노인이 풀을 엮어 놓아서 두회의 말馬이 그 풀 매듭에 걸려 넘어졌고, 그리하여 위과는 그를 사로잡는 전과를 올렸다. 그날 밤, 위과의 꿈에 한 노인이 나타나서 자신은 위과가 시집보낸 그 첩의 아비인데 딸을 죽여 순장하지 않고 시집보내 준 위과에게 은혜를 갚기 위해서 풀을 엮었다고 이야기했다.

그래서 이 '결초보은'이란 말에는 '백골난망白骨難忘'의 은혜, 즉 죽어서 혼령이 되어도 은혜를 잊지 않고 갚는다는 교훈이 담겨 있다. 그렇다면 노인이 묶어 놓은 그 풀은 이름이 무엇일까? 그 풀은 다름 아닌 그령이다! 그것은 우리나라와 중국, 히말라야에만 자생하는 것이니 아마도, 아니 틀림없이 같은 풀이다.

그령[*Eragrostis ferruginea*]은 전국 각처의 길가나 논, 밭둑, 풀밭, 빈터, 제방 등지에서 흔하게 저절로 사는 여러해살이풀인데, 이 무리에는 그령을 비롯하여 각시그령, 참새그령 등 6종이 있으나 그령 빼고는 모두 한해살이풀들이다. 기록들에 나타나는 수크령 [*Pennisetum alopecuroides*]은 숫제 속이 다른 딴 무리에 속하고, '암그령'이란 말은 아예 없는 종이라 한다. "그령처럼 살아라."는 말이 있을 뿐만 아니라 끈질긴 식물을 비유하여 "질경이 같다."고 하는데, 사실 질경이에 버금가는 것이 그령이다. 자, 이쯤에서 머리에 "맞다! 그 풀이다." 하고 떠오르는 무언가가 있지 않은가? 그령은 잎줄기가 검질기기 짝이 없어 뺏뺏하게 쉰 것을 배배 꼬아 옛날부터 새끼줄 대용으로도 썼다. 퍼짐의 속도도 남달라 초장부터 서둘러 뽑아 버리는 게 상수요, 별안간 뿌리가 세게 뻗어 버리는 날에는 주체를 못할 정도다. 가끔 씨앗이 날아가 뭣등에 앉는 수도 더러 있어 골치를 썩인다.

그령은 현화식물문 외떡잎식물강 볏과 참새그령속의 여러해 살이풀로 길잔디라 부르기도 한다. 뭉쳐나며 높이 30~80센티미터 정도로 길게 자라는 잎은 끝이 뾰족하며, 줄 모양으로 삐쩍 마르고 길쭉한 것이 폭은 2~6밀리미터 정도다. 밑부분이 줄기를 감싸는 강한 잡초이다. 8~9월에 꽃이 피고 꽃대는 20~40센티미터이며, 꽃송아리는 원뿔 꽃차례로 적자색의 잘고 긴 타원형 이삭이 느슨하게 달린다. 이삭에는 5~10개의 잔꽃이 버성기게 달린다. 수술은 3개이고 암술머리는 2개로 깃털 모양이며 10월에 열매가 익는다. 지상의 잎줄기는 서리가 내리면 고사하고 봄에 새싹이 돋으며 종자나 포기 나누기로 번식한다.

그령은 앞에서 말했듯이 논두렁길에도 나지만 밭가나 마을 길한복판에도 줄줄이 난다. 개나 소, 사람이 자주 다녀 길이 반들반들할 정도로 포기들을 반으로 갈라놓아도 길길이 자란다. 지독한 놈들이다. 하여 양쪽의 긴 풀대를 한 묶음씩 모아 서로 친친 매어 놓고는 허방다리에 너스레 걸치고 섶을 덮듯이 풀을 뜯어 살짝 가려 놓는다. 그러면 아닌 밤중에 홍두깨라고, 영문도 모르고 지나가는 사람들이 매듭에 걸려 넘어진다. 몰래 숨어 엿보던 개구쟁이들은 천연덕스럽게 깔깔 웃으며 삼십육계 줄행랑을 놓는다. 발각되는 날에는 손이 발이 되게 빌어야 할 판이지. 아무튼 그령은 워낙 질겨서 낫으로도 잘 잘라지지 않으며, 그 풀을 뜯는 소도 목에 온 힘을 다 들이니 뽀드득뽀드득하며 뜯는 소리를 낸다. 그령을 땋은 머리처럼 꼬아 묶어 두면 소도 걸려 몸뚱어리가 뒤뚱한다. 그러니까 세차게 달리던 두회의 말도 엉겁결에 나뒹굴지 않을 수 없었겠지.

이 글을 쓰면서도 장난꾸러기 악동 때의 어린 시절이 아련히 뇌리를 스친다. 유치해져야 창조적이고, 개구쟁이짓을 할수록 세월을 뛰어넘어 늙어도 오래 산다고 하니 얌전 빼며 살 일이 아니다. 누구나 아무리 늙어도 뼛속에는 동심의 치기稚氣가 화석처럼 남아 있는 법. 그런데 무책임하게도 무명초無名草나 무명화無名花란 말을 심심찮게 쓰고 말하는데 '이름이 없는 것'과 '이름을 모르는 것'은 다르다. don't와 can't가 판연히 다르듯이 말이다. 그렇지 않은가. 우리나라에 살고 있는 6000여 종의 식물 중에 사실 이름 없는 푸나무는 없다. 만물개유명萬物皆有名이라 만물에는 모두 제 이름이 있고, 또 만물개유위萬物皆有位라 만물은 모두 제자리가 있다. 만일 이름 없는 식물이 있다면 식물 분류학자들이 놀라 눈이 휘둥그레질 것이다. 그 식물은 우리나라에서 처음 발견되는 신종新種 아니면 아직 우리나라에서는 발견된 적이 없는 미기록종未記錄種일 터이니 말이다.

저렇게 길바닥에서 짓밟혀도 꿋꿋하게 생명력을 잃지 않는 저 그령도 만족하며 살고 있으리라. 필자가 늘 자리 옆에 갖추어 두고 가르침으로 삼는 말이 '지족최상知足最上'이다. 한데 지난 세월을 돌이켜 생각해 보면 민망하게도 숱한 은혜를 입었건만 작은 보은도 못하고, 까마귀보다 못한 삶을 살고 있음을 알게 된다. 죽어서라도 잊지 않고 은덕을 갚아야 하는 건데……. "현재 받는 과보를 보면 전생에 지은 행을 알 수 있고, 현재 행하는 업보를 보면 다음 생에 받을 과보를 안다."고 한다. 적선지가필유여경積善之家必有餘慶이요, 적불선지가필유여앙積不善之家必有餘殃이라 했다. 선한 일을 많이 한 집안에는 반드시 남는 경사가 있고, 적악積惡을 하면 앙화殃禍가 자손에게까지 미칠 것이라는 뜻이다. 우리 모두 적덕적선積善積德 하자!

두더지 혼인 같다

두더지는 샅샅이 들추거나 헤치는 습성이 있어 ‘뒤지다’의 옛말 ‘두디다’와 ‘쥐’를 합쳐 만든 이름이지만 ‘두더쥐’가 아니고 ‘두더지’로 쓴다. “두더지 땅굴 파듯”이라는 말은 일을 욕심스럽게 마구 해 대거나 목적한 바를 이루기 위해 꾸준히 노력함을 비유적으로 이르는 말이고, “두더지는 나비가 못 되라는 법 있나.”라는 말은 다른 사람이 상상하지 못하는 전혀 뜻밖의 상황도 일어날 수 있음을 빗댈 때 쓴다. 두더지나 농부나 둘 다 땅을 파서 먹고산다는 의미에서 “농부는 두더지다.”라는 말도 있고, “약속은 태산처럼 해 놓고 실천은 두더지 둔덕만큼 한다.”는 말도 있다. 또한 “두더지 혼인 같다.”는 말도 있는데, 중국의 『순오지旬五志』

에 다음과 같은 이야기가 전해 온다.

옛날에 한 두더지가 세상에서 가장 훌륭한 배우자를 구하려고 했다. 하느님을 가장 존귀하게 생각한 두더지가 하느님께 나아가 간청하니, 하느님은 "내가 비록 만물을 다스리고 있으나 해와 달이 없으면 내 덕을 드러낼 수가 없다."고 했다. 이에 두더지는 해를 찾아가 간청해 보았다. 해는 "내가 비록 만물을 비추나, 나를 가리는 구름은 어쩔 수 없다."고 하며 사양하였다. 그래서 두더지는 구름을 찾아가 보았으나, 구름의 대답은 "내 비록 해와 달을 가릴 수는 있으나 바람이 불면 흩어질 수밖에 없으니 바람이 나보다 훌륭하다."라고 하였다. 두더지는 다시 바람을 찾아가 부탁하였다. 그러나 바람은 "내가 구름을 흩어지게 할 수 있는 것은 사실이나 돌부처는 아무리 힘을 써도 움직일 수 없으니, 돌부처가 나보다 낫다."고 대답하였다. 두더지의 간청을 받은 돌부처는 "내 비록 바람을 꺾을 수 있다 하나, 두더지가 내 발 아래를 파헤치면 나는 넘어질 수밖에 없다. 두더지야말로 나에게는 가장 위대하다."라고 하였다. 이에 두더지는 비로소 자신들이 세상에서 가장 훌륭한 존재임을 깨닫고는 결국 두더지와 혼인을 하였다.

하여 "두더지 혼인 같다."는 말이 생겼으니, 분수에 넘치는 엉

뚱한 희망을 가짐을 비유적으로 이를 때
쓴다. 또 남에게 널리 알리지 아니하고 소리
소문 없이 오로지 집안사람들끼리만 모여서
하는 혼인을 비유적으로 이르기도 한다.

두더지[*Talpa micrura coreana*]는 땅굴에 살면서
도 새끼를 젖으로 키우는 고등한 포유동물로
식충목食蟲目 두더짓과에 속하며, 세계적으로
12속이 있고 북미, 아시아, 유럽 등지에 산다.
몸색깔은 대부분 갈색으로, 몸길이는 15~16
센티미터, 꼬리는 2센티미터, 몸무게는 40~
140그램 정도이다. 앞발은 넓적하며
꽃삽 모양으로 땅 파기에 안
성맞춤이고 5개의 발톱
은 길고 끝이 예리하며,
사지는 매우 짧고 앞다
리가 뒷다리보다 발달하

였다. 머리 생김새는 원통이고, 센 근육으로 된 목은 몸통과 거의 같아 머리와 가슴의 구분이 없다. 주둥이는 길고 뾰족하며 이빨은 아주 날카롭고 귓바퀴는 없다. 늘 컴컴한 땅굴에 살기에 눈은 퇴화해 지름 1밀리미터 정도의 검은 점으로 피부 아래에 남아 있다. 대신 소리에 예민하고 코도 민감하니 이를 보상작용補償作用이라 한다. 모름지기 머리나 몸을 써라. 그렇지 않으면 퇴화하고 말지니!

옛날에는 두더지를 '밭에 사는 쥐 닮은 녀석'이라 하여 전서田鼠라 불렀다고 한다. 온몸에 빽빽하게 곧추선 짧은 털은 함초롬한 우단羽緞 같고, 가죽은 지극히 부드럽고 유연하면서도 탄력이 있어 여러 마리의 것을 조각조각 이어 외투를 만들기도 했다고 한다. 그런데 두더지는 집쥐 다음으로 우리 주변에 많이 살고 있지만 그 생태가 잘 알려지지 못한 편이다. 이는 위에서도 언급한 것처럼 두더지가 소리에 예민하여 먼 데서 들리는 사람 발소리에도 지극히 민감하여 무르춤하다가 황망히 도망가 버리기 때문이다. 그리고 밤에만 가끔 땅 위에 나타날 뿐 대부분을 지하의 좁은 땅굴에서 생활하기 때문이기도 하다.

어쨌든 그렇게 지하의 땅굴에서만 살다 보니 다른 동물보다 이산화탄소 농도가 높아도 잘 견딘다. 적혈구 속의 헤모글로빈 단백질이 특수한 덕분이다.

두더지의 생활권은 주로 식물 뿌리가 미치는 범위인 10센티미터 정도의 깊이로, 사방팔방으로 그물처럼 얽힌 땅굴을 만들어 놓고 혼자 살며, 한 마리가 차지하는 세력권은 사방 50~80미터 정도나 된다. 한번 만든 땅굴은 반영구적으로 사용하며 잠자는 방, 휴식처, 저장고들이 마련되어 있다. 부서진 땅굴을 보수하고 넓히기 위해 사부작사부작 파낸 흙은 수직 땅굴을 통해 땅 위로 밀어 올리니 이렇게 두더지가 파 놓은 흙더미를 두더지 둔덕이라 한다.

이놈들은 낮밤 가리지 않고 4시간 자고 4시간 활동하기를 반복하는데, 수시로 땅굴을 들입다 돌아 제 땅굴에 떨어지거나 머리를 내밀고 있는 주식인 지렁이를 품 안 들이고 쉬 줍다시피 한다. 어허, 지렁이 잡는 것이 손 안 대고 코 풀기로군! 뿐만 아니라 지네, 땅강아지, 거미, 달팽이, 심지어 생쥐까지도 서슴없이 잡아먹고 우수리는 제 곳간에 쟁여 둔다. 그런 면에서 두더지 땅굴은 이동 통로이자 먹이를 사냥하는 덫인 셈이다. 4~6월에 두서너 마리의 새끼를 낳는데, 젖 먹여 키운 새끼들이 다 자라면 지상으로 쫓아낸다.

그런데 불행하게도 주변의 굴이란 굴은 이미 어미 두더지들이 다 차지하였으니, 새끼 몇을 제외하고는 죄다 굶어 죽거나 족제비, 여우, 오소리, 올빼미, 왜가리, 백로 등의 천적들에게 잡아먹히고 만다.

한편 두더지는 겨울이면 땅굴에서 꼼짝 않고 겨울잠을 자는데, 긴긴 겨울잠 중에 뭘 먹을까? 겨울이 들기 전 밤낮을 가리지 않고 먹이 저장실에다 지렁이를 1000여 마리 정도 잡아 머리를 짓씹어 푼푼하게 바투 포개 놓으니, 두더지의 침에는 마취제 같은 독이 들어 있어서 지렁이는 산 채로 꼼짝 못한다. 마취된 지렁이는 오롯이 살아 있어서 시장기가 돌면 몇 마리씩 먹어 허기를 채운다.

그런데 지렁이를 그냥 통째로 잘근잘근 씹어 먹지 않고 한쪽 끝을 입으로 사리물고 손발로 지렁이 몸통을 잡아당겨 속은 홀라당 빼 버리고 쫄깃한 살만 먹으며, 여름철에는 하루에 60여 마리나 푸지게 먹는다고 한다. 아닌 게 아니라 지렁이를 쥐 잡듯 하니 땅 밑 세상에서는 당할 자가 없는 두더지로다!

그런데 이놈들이 땅속에서 지렁이를 사냥하느라 잔디밭이나 채소 심어 놓은 밭을 파헤쳐 놓아 농사를 망치기에 사람들에게는 밉상이다. 그래서인가 사람들은 두더지가 둔덕 안에서 꼼지락거

릴 때 작살로 잡아서 말려 한약재로 썼다. 그래서 경동시장에 바
싹 말린 그것들이 산더미처럼 쌓여 있었군!

밴댕이 소갈머리
같으니라고

흔히 속이 아주 좁고 너그럽지 못하거나 쉽게 토라지는 사람을 일컬어 "밴댕이 소갈머리 같다."거나 "밴댕이 소갈딱지를 닮았다."고 한다. 여기서 '소갈머리'는 얕은 마음보나 생각을 낮잡아 이르는 말로 "소갈머리 없는 녀석 같으니라고!", "그 자식 소갈머리는 알다가도 모르겠다." 따위로 쓰며, '소갈딱지'도 같은 뜻으로 널리 쓰이므로 둘 다 표준어로 삼는다고 한다. 어찌 됐든 '밴댕이 소갈머리'라는 말은 밴댕이가 그물에 걸려 잡히면 그 스트레스를 이기지 못해 파닥파닥 날뛰다가 파르르 떨며 금세 제 풀에 죽어 버리는 습성에서 비롯된 말이다. 이처럼 물만 떠났다 하면 바로 죽어 버리기 일쑤라 어부들조차 산 밴댕이를 구경하기

힘들다 하니 그놈의 성깔 알 만하다. 그런데 밴댕이는 성질머리
도 그렇지만 몸집에 비해 속 내장이 별로 없으니 해부학적 측면
에서 봐도 하나도 틀린 말이 아니다. 변화무쌍한 마음! 마음이란
때론 밴댕이 속같이 좁다가도, 어느새 봉황이 큰 날개를 펴서 바
다를 가로질러 훨훨 날아가듯 만물을 감싸 안기도 한다.

밴댕이[*Sardinella zunasi*]는 청어과의 해산어류이다. 이 과에는
밴댕이를 포함하여 청어, 전어, 정어리 등 우리나라 연안에서 잡
히는 어종 10종이 기재되어 있다. 밴댕이는 몸길이 15센티미터
가량인 소형 어종으로 몸이 옆으로 납작하고 길다. 등은 푸른색
이고 옆구리와 배는 은백색을 띤다. 주둥이는 위턱보다 아래턱이
돌출되어 청어 주둥이와 비슷하게 생겼으며 위턱은 약간 패어 있
고 아래턱과 혀 위에 한 줄의 작은 이빨들이 발달했다. 아가미 뚜
껑의 가장자리에는 2개의 육질돌기가 있고 배 부분의 가장자리
에는 모난 비늘인 날카로운 능린稜鱗이 나 있다. 등지느러미는 몸
의 중앙에 위치하며 그 아래에 배지느러미가 있고, 뒷지느러미는
몸 뒤쪽에, 꼬리지느러미는 깊게 패여 있다. 작은 생선치고는 억
센 비늘을 가지며 떨어지기 쉽다.

강과 바다가 만나는 기수역汽水域의 바닥이 모래나 펄로 된 곳
에서 마구 떼 지어 살다가 한겨울엔 수심이 20~50미터인 깊은
바다에서 머물고, 수온이 섭씨 16~18도쯤 되는 늦봄부터 산란

을 위해 강이나 연안으로 다시 올라온다. 육식성으로 주로 현미
경적인 동물성 플랑크톤을 먹는다. 이렇듯 먹는 먹이가 매우 작
다 보니 내장이 홀쭉한 '밴댕이 심통'이 되고 말았다. 고등한 동
물들도 육식 동물은 초식 동물에 비해 창자가 아주 짧고 썩 가늘
지 않은가. 밴댕이를 옛날에는 '반당이'로 불렀는데, 한자어로
늑어勒魚, 소어蘇魚라고도 불렀다고 한다. 주로 자루 모양의 그물
인 낭장망 끝을 닻으로 고정시키고 조류에 의하여 들어온 밴댕이
를 잡는다. 우리나라 서해와 남해, 일본, 대만, 필리핀 등지에 서
식한다.

　　냉장고가 없었던 옛날에는 잡기가 무섭게 쉬이 상하기에 밴댕이는 어부들이 거들떠보지도 않는 어족 중의 하나였고, 고작 소금에 절여 젓갈을 담그는 정도였다. 쥐구멍에도 볕들 날이 있다 했겠다. 이젠 칙사 대접을 받는다. 제아무리 못난 사람도 때를 만나 열심히 살아가는 사람을 빗대 '오뉴월 밴댕이'라 일컫는다. 그만큼 보잘것없는 밴댕이지만 제철에 맛보는 밴댕이회는 고소하고 연하다. 회도 그렇지만 특히 밴댕이 양 옆면에서 보드라운 살을 발라내고 채썬 양배추와 깻잎을 넣어 초고추장으로 조물조물 빨갛게 무친 밴댕이무침을 푸지게 먹다 보면 시쳇말로 둘이 먹다가 하나가 죽어도 모른다. 흔히 영 별로 좋지 않은 말들에 인용되는 품새가 엉망인 밴댕이 맛이 오죽할까 싶지만, 실상 그 맛은 전혀 그렇지 않다니 겉 다르고 속 다른 게 밴댕이다.

　　"썩어도 준치"라는 속담의 그 준치보다 맛있다는 오뉴월의 별미 밴댕이는 들판의 보리가 누릇누릇 익어 가는 음력 오뉴월 무렵이 제철이다. 산란하러 연안으로 이동하는 이 시기에 속이 알로 가득차고 기름기도 한껏 올라 고소하고 찰진 밴댕이의 제맛을 즐길 수 있다. 농어나 도미 회에 견주어도 전혀 손색이 없단다. 대체로 갓 잡은 것은 회를 뜨거나 소금을 뿌려 통구이로 먹고, 쉽게 상하는 탓에 오래 보관하기 위해 소금에 절여 맛깔스러운 젓갈을 담그기도 한다. 덧붙이면 우리 집사람은 늘 멸치처럼 바짝 말린 밴댕이와 표고버섯, 대파, 양파, 다시마를 함께 푹 끓여 각종 음식에 쓸 깔끔하고 시원한 육수를 듬뿍 우려낸다.

제대로 삭혀진 밴댕이젓갈 '소어 젓'은 임금님 진상품에 반드시 포함됐다고 한다. 그래서 조선시대에는 궁중에 '소어소蘇魚所'로 불리는 전담반을 둘 정도였다고. 이순신 장군의 『난중일기』에도 "전복, 어란魚卵과 함께 밴댕이젓을 어머니께 보냈다."는 대목이 있을 만큼 밴댕이는 선조들이 즐겼던 음식이었다. 뿐만 아니라 광해군 때 시인 이응희李應禧는 대과大科 초시初試에 합격했지만 광해군의 실정을 본 뒤 벼슬의 뜻을 접고, 산 아래에서 농사지으며 틈틈이 책 읽고 시 짓는 것을 낙으로 삼았다고 한다. 17세기 조선 향촌鄕村의 생활을 생생히 담은 그의 시 1000여 편이 『옥담유고玉潭遺稿』와 『옥담사집玉潭私集』에 담겨 전해지는데, 볼 때마다 글솜씨에 탄복할 따름이다. 그중에 밴댕이 이야기가 나오는 『옥담사집』의 시 한 수를 소개하겠다.

계절이 단오절에 이르니 어선이 바닷가에 가득하다.

밴댕이 어시장에 잔뜩 나오니 은빛 모습 마을을 뒤덮었다.

상추쌈에 먹으면 맛이 으뜸이고 보리밥에 먹어도 맛이 달다.

시골 농가에 이것이 없으면 생선 맛 아는 사람 몇이나 될까.

당랑거철이라, 사마귀가
팔뚝을 휘둘러 수레에 맞서?

사마귀를 '버마재비'라고도 한다. 사마귀와 버마재비는 모두 널리 쓰이므로 둘 다 표준어로 삼는다. 사마귀란 말에는 벌레를 마구 닥치는 대로 잡아먹는 무서운 놈이라 '사악한 마귀'란 뜻이 녹아 있는 듯하고, 버마재비는 '무서운 범 아저씨', 즉 '범 아재비'를 소리 나는 대로 적은 것이다. 예전에 버마Burma라는 나라가 1989년에 미얀마Myanmar라고 나라 이름을 개칭한 것을 기억하는 사람들은 버마재비도 '미얀마재비'라고 지칭하는 일이 있으나 얼토당토않다. 한편 사마귀가 손등에 오줌을 싸면 사마귀wart가 생겨 그것을 사마귀mantis에게 물게 하면 낫는다는 미신이 있다. 그래서 사마귀를 '오줌싸개'라 부르기도 한다.

사마귀는 공격적이고 호전적이어서 분수도 모르고 큰 동물에게 덤비는 것을 빗댄 고사성어로 '당랑당거철螳螂當車轍', '당랑지부螳螂之斧', '당랑지력螳螂之力'이 있는데 셋 다 그 말이 그 말이다. 사마귀가 두 손 번쩍 들고 수레를 막는다니 말이 되는가. 다시 말하지만 '당랑거철'이란 이렇게 제 분수나 역량을 생각하지 않고 강한 상대이거나 되지 않을 일에 덤벼드는 무모한 행동거지를 비유한 말로, 『회남자淮南子』에 나오는 이야기다.

춘추시대 제齊나라 장공莊公 때의 일이다. 어느 날 장공이 수레를 타고 사냥터로 가던 중 웬 벌레 한 마리가 앞발을 도끼처럼 휘두르며 수레를 쳐부술 듯이 덤벼드는 것이 아닌가. 마부에게 그 벌레에 대해 묻자, 마부가 대답하였다. "저것은 사마귀라는 벌레이옵니다. 이 벌레는 나아갈 줄만 알고 물러설 줄을 모르는데, 제 힘은 생각하지도 않고 적을 가볍게 보는 버릇이 있습니다." 그러자 장공은 "이 벌레가 사람이라면 반드시 천하에 용맹한 사나이가 될 것이다."라면서 수레를 돌려 피해 갔다고 한다.

사마귀는 절지동물 사마귓과의 곤충으로 흰개미나 바퀴벌레와 가까운 무리며, 주로 열대지방과 아열대지방에 많이 분포한다. 전 세계적으로 1800여 종이 알려져 있고, 우리나라에는 사마

귀, 왕사마귀 등 4종이 있다. 열대지방과 아열대지방에는 잎사귀인 줄 알고 다가오는 곤충들을 잡아먹는 '나뭇잎사마귀', 양란洋蘭의 꽃을 정교하게 빼닮은 '꽃잎사마귀'가 있다.

여기서 다루는 사마귀[*Tenodera angustipennis*]는 참사마귀라고 부르는 종으로 우리나라, 일본, 중국 등에 산다. 몸길이는 60∼85밀리미터로 몸색깔은 대부분 녹색, 녹갈색, 연갈색이며, 암놈은 수놈보다 매우 크고 배가 넓다. 머리는 역삼각형으로 작고 입은 저작詛嚼에 알맞은 육식성이며 더듬이는 매우 가늘다. 목이 가늘고, 머리와 앞가슴부의 관절이 발달하여 머리를 사방으로 까딱까딱 자유롭게 움직인다. 시각이 아주 발달하여 먹이도 눈에 의존하여 잡는데 아주 큰 겹눈은 1만여 개의 낱눈이 모인 것으로 머리의 양 모서리에 붙어 있고, 각 눈에 있는 검은 점은 가짜 눈동자이다. 홑눈은 보통 3개이며 가슴은 좁고 긴 데 비해 배는 커서 열한 마디가 난다. 가슴에는 세 쌍의 다리가 붙어 있고 앞다리는 포획을 주로 하는 다리로 낫 모양의 크고 긴 가시가 한가득 나 있다. 앞다리의 넓적다리 마디와 종아리 마디에도 가시돌기가 있어 한번 잡은 먹잇감은 절대 놓치지 않는다. 걷는 다리인 가운뎃다리와 뒷다리는 가늘고 길다. 날개는 보드라운 막질膜質로 넙적하며 등에서 배까지 덮고 있다.

사마귀는 주행성으로 주로 풀밭에 머물며, 암놈은 수놈보다 날개가 짧아 여간해서 날지 않지만 수놈은 풀풀 잘 난다. 사마귀의 영어 이름은 praying mantis인데, 나뭇가지나 잡초 위에서 두 다리를 착 오므리고 먹이가 가까이 오기를 기도하듯praying 하염없이 숨어 기다리는 선지자mantis라는 뜻이다. 아니나 다를까 사마귀는 먹이를 오도카니 눈여겨보고 있다가 가끔씩 머리를 좌우로 까닥거리는데 이는 일종의 위장僞裝으로 풀잎이 바람에 흔들리는 효과를 내는 것이다. 그렇게 노려보고 있다가 먹잇감이 꽤나 근접했다 싶으면 날쌔게 몸을 날려 세차게 덮친다. 힘센 앞다리로 잡아챈 다음에 억센 입으로 잘근잘근 씹는다. 곤충은 물론이고 때로는 개구리나 도마뱀과 같은 것들도 공격 대상이 된다.

가을이면 짝짓기를 하는데 갖은 아양 다 떨며 전희를 한다. 그렇게 암놈의 마음을 끈 수놈은 조심스럽게 암놈 등에 올라타 앞다리로 암놈의 가슴팍을 꽉 붙잡고 애써 짝짓기를 시작한다. 암놈은 종에 따라 10~400여 개의 알을 배에서 만든 거품에 낳아 땅바닥이나 풀, 나뭇가지 등에 붙인다. 그러면 그 거품은 곧 굳어서 알을 보호하는 알주머니가 된다. 사마귀는 번데기 시기가 없는 불완전 탈바꿈을 하며, 5월경에 월동한 난초 안의 알에서 어미를 빼닮은 애벌레가 나오는데 5~10번 허물벗기하여 9월경에 어른벌레가 된다. 이때 진딧물이나 다른 소형 곤충 같은 먹을 것이 없으면 저희들끼리 사정없이 드잡이하다가 결국엔 서로 잡아먹는 동족포식同族捕食을 한다. 에라, 이 모질고 잔인한 놈들! 제 형제의 살을 먹는 이만저만 포악하고 기막힌 놈들이 아닐 수 없다.

그런데 그게 다가 아니다. 세상에 이렇게 매정하고 방자한 창조물이 또 어디 있담? 짝짓기 도중에 암놈이 느닷없이 수놈을 잡아먹어 버리는 습성, 즉 동족포식이 사마귀 사이에서는 흔하게 일어난다. 짝짓기 중인 수놈을 낚아채 머리부터 자근자근 씹어 버리니 속절없이 머리통을 잃은 수놈은 다른 동물들이 그렇듯 자기의 죽음을 감지하고는 더 강렬하게 정자를 쏟아 낸다. 그야말로 씨 주고 살까지 주는 사마귀 수놈이다! 그런데 늦가을에 가끔 배불뚝이 사마귀를 발견하니, 그놈을 잡자마자 또한 위기를 직감한 기생충 연가시가 벌떡거리는 사마귀 똥구멍에서 꾸물꾸물 흘러나온다. 부드러운 가시라는 뜻의 연가시는 유선형동물類線形動物로 그 애벌레를 먹은 메뚜기를 잡아먹어 사마귀에 옮겨붙은 것이다. 이것이 바로 먹고 먹히는 먹이사슬이다. 인간사에 빗대어 생각하면 씁쓸하지만…….

박쥐구실,
교활한 박쥐의 두 마음

어둑발이 내리기 시작하면 먹빛 밤하늘 마당 저편에서 홀연히 오르락내리락, 좌우로 후륵후륵 휘적거리는 박쥐들의 날갯짓이 시작된다. 그놈들의 신명 나는 군무群舞를 보노라면 정신이 아뜩해지면서 머리털이 바짝 솟으며 뜨악하고 섬뜩한 느낌이 든다. 예전에는 박쥐가 반딧불이와 함께 지천으로 흔했건만, 이제는 눈을 닦고 봐도 코빼기도 볼 수가 없으니 미구未久에 절멸絕滅하는 건 아닌지 모르겠다.

박쥐는 비록 날개를 가졌지만 온혈 동물이요, 새끼를 젖으로 키우는 포유동물이라 몸에 털이 나니 어느 모로 봐도 우리와 다름없다. 비록 눈이 있어도 없는 거나 매한가지인 청맹과니지만 다른 동물에 비해 귓바퀴가 무척 커서 귀로 대신 보는 셈이다. 그들은 우리가 듣지 못하는 초음파를 산지사방으로 쏘아 부딪쳐서 되돌아오는 소리를 감지하는 반향위치 결정echolocation으로 먹이를 잡고 서로를 알아보며 천적이나 장애물을 피한다. 초음파는 20~200킬로헤르츠로 주파수가 하도 높아 우리 귀로는 듣지 못하는데, 박쥐 종마다 내는 주파수가 다 다르다.

박쥐는 참 특이하게 진화한 동물이다. 유일하게 짐승이면서 날개를 가졌으니, 역시 포유류이면서도 지느러미를 달고 물속을 헤매는 고래만큼이나 괴짜 동물이라 하겠다. 우리나라에 사는 박쥐는 24종으로 박쥐목 익수류翼手類인데, 앞다리를 쭉 펴면 날개 가진 새가 되고, 싹 오므리면 손 가진 짐승이 된다. 그런데 박쥐 날개는 새의 날개와는 사뭇 달라 새는 앞다리 그 자체에 깃털이 나서 날개가 되는 데 반해, 박쥐는 앞다리에 생긴 얇고 넓은 비막飛膜이 뒷다리에서 꼬리까지 이어져 있어서 공중을 난다. 비슷하게 생긴 날다람쥐는 박쥐처럼 날개를 폈다 오므렸다 하는 것이 아니기에 비행飛行이 아니고, 공기 부력으로 나는 단순한 활공滑空이다.

어찌 되었든 이런 박쥐의 생김새 때문에 새 편에 붙었다 쥐 편에 붙었다 한다는 '박쥐의 두 마음'이란 말이 생겨났으니, 제 이익만을 위해 다짜고짜로 반복무상反覆無常하게 이리 붙고 저리 붙는 줏대 없는 행동, 우세한 쪽에 기웃거리는 기회주의자의 교활한 마음, 간에 붙었다 쓸개에 붙었다 하는 경우들을 비유하는 말이다. 비슷한 말로 '박쥐구실'이 있으니 『순오지』에 그 말이 생긴 연유가 있다. 봉황을 축하하는 새들의 모임에 유독 박쥐만 오지 않았다고 한다. 봉황이 박쥐를 불러 야단치자 박쥐는 네 발 짐승이 왜 새들 모임에 참석하느냐며 발뺌을 했는데, 그 뒤에 기린을 축수祝壽하는 짐승들의 잔치에도 역시 박쥐만이 결석을 했다. 기린이 박쥐를 불러 나무라자 이번에는 날개 달린 짐승이란 구실을 대며 변명을 했다는 이야기다. 한편 낮에는 쥐 죽은 듯 방 안에 틀어박혀 있다가 밤만 되면 돌아다니는 사람들을 '박쥐족', 겉으로는 점잖게 행세하면서도 걸핏하면 몰래 오입질하는 사람을 '박쥐오입쟁이', 쥐락펴락할 수 있는 서양 우산을 '박쥐우산'이라 부른다고 한다. '박쥐구실', '박쥐의 두 마음' 만큼이나 멋들어진 비유다.

중국에선 박쥐를 편복蝙蝠이라 부른다. 중국어로 '박쥐 복蝠' 자가 '복 복福', '부유할 부富'와 발음이 같고, 쥐보다 훨씬 오래 산다 하여 중국이나 우리나라 모두 박쥐를 영물靈物로 취급한다. 심지어 신선의 경지까지 끌어올려 성스런 쥐라는 뜻의 선서仙鼠라 하기도 하고 장수長壽나 오복五福과 관련된 장식 문양에는 언제나 박쥐가 등장한다. 중국 어느 곳에선가 관광 가이드가 돌바닥에 새겨진 박쥐의 둘레를 몇 바퀴 돌면 복을 받는다 하여 따라 했던 기억이 새삼 나는군!

박쥐는 거미처럼 어지럽지도 않은지 자나 깨나 거꾸로 매달리며, 그런 자세에서 똥도 싸고 새끼도 낳는다고 하니 괴팍한 습성의 소유자다. 어떤 이는 이를 놓고 체조 선수와 비유하여, 체중을 줄이기 위해서 박쥐의 하체가 무척이나 퇴화하였다고 한다. 바꾸어 말하면, 박쥐는 새처럼 다리에 근육이 거의 없이 뼈와 힘줄만 발달하여 거꾸로 매달리면 자동으로 발톱 끄트머리가 바위틈에 끼게 되어 따로 힘들이지 않고도 매달린다는 말이다. 박쥐가 사는 곳은 동굴 말고도 처마 밑, 바위틈, 고목의 빈 구멍 등이고, 아프리카의 어느 종은 나뭇잎을 말아서 그 안에서 산다고도 한다.

밤새 제 몸무게의 절반에 해당하는 벌레를 먹어 치울 정도로 먹성이 좋은데, 우리나라에서 가장 작은 집박쥐 한 마리가 모기를 3000~5000마리나 잡는다고 한다. 박쥐는 7~8월에 보통 한 배에 새끼 한 마리를 낳는데 이들도 포유류 아니랄까 출산의 고통을 경험한다고 한다. 게다가 박쥐의 모성 본능도 다부져 포식자의 침입을 예감하자마자 생때같은 자식 새끼를 담뿍 껴안고 눈썹이 휘날리도록 줄행랑을 친단다. 그런데 박쥐는 한껏 먹어 살이 찐 11월경에 짝짓기를 하고 다음 해 7~8월에 출산을 하지만 실제로 새끼를 배는 기간은 두 달 반 정도에 지나지 않는다. 무슨 말인고 하니, 11월에 접 붙어 받은 정자를 곧바로 수정에 쓰지 않고, 쫄딱 굶는 겨울 동안은 자궁에 넣어뒀다가 다음 해 4~5월 경에 먹이 활동을 시작하면 그제야 배란排卵하여 수정을 하는 것이다. 그리고 또 다른 방법으로 11월에 정자와 난자가 일단 수정하여 겨우내 자궁 속에서 수정란으로 머물다가 다음 해 여름이 되면 자궁에 착상하여 발생하는 지연착상遲延着床이라는 방법도 쓴다. 박쥐의 이러한 발생 방법은 일단 푸짐하게 먹고 힘이 남아 돌 때 교접해 정자를 받아 보관해 뒀다가, 이듬해 먹잇감이 풍성해 포동포동 살피듬이 좋아지면 그제야 비로소 새끼 발생을 하는 아주 지혜로운 방법이다. 북극곰 등 추운 지방에서 월동하는 포유동물들이 행하는 실로 엉뚱하고 특별한 생식법이다.

열대지방에 사는 박쥐 똥은 구아노guano라고 부른다. 그것이 동굴 속에 수 톤씩 쌓여 있어 걷어다 비싼 비료로 쓴다. 그리고 중국에서는 '모기 눈알 요리'가 유명하다고 하는데, 박쥐 배 속에서 모기 눈알은 유독 소화되지 않고 똥에 그대로 나오는지라 박쥐 똥을 체로 걸러 얻는다고 한다. 역시 하늘의 비행기, 바다의 잠수함, 교실의 책걸상 빼고 다 먹는다는 중국 사람들이다!

'부평초 인생'의 부평초는
무논의 개구리밥

개구리밥[*Spirodela polyrhiza*]은 천남성이목 개구리밥과의 한해살이 풀이며, 학명에서 *Spiro*는 '실', *dela*는 '보이는'이란 뜻으로 뿌리를 뜻하고, 종소명의 *poly*는 '많다', *rhiza*는 '뿌리'란 의미로 속명과 종소명 둘 다 어김없이 뿌리를 강조하고 있다. 곧 식물 뿌리가 식물체보다 길면서 여러 개가 난 것을 개구리밥의 특징으로 봤던 것. 개구리밥은 작은 잎같이 생긴 엽상 식물葉狀植物로 편평하고 넓은 달걀을 거꾸로 세운 모양이며, 길이 5~8밀리미터, 너비는 4~6밀리미터 정도로 아주 작은 꼬마 식물이다. 뿌리를 흙바닥에 박지 못하고 물 위에 떠서 사는 부엽 식물浮葉植物로, 식물체의 아랫면 가운데에서 가는 뿌리가 여럿 나오고 그 뿌리로 물

에 녹아 있는 양분을 흡수하며, 물이 거의 흐르지 않는 논이나 연
못, 늪지에 떠서 산다. 아시아, 유럽, 아프리카, 오스트레일리아,
남북아메리카의 온대에서 열대에 걸쳐 분포한다. 우리나라에는
전국에 자생하며 개구리밥과 좀개구리밥 2종이 있다.

이 식물은 꽃을 피우는 식물 중에서 제일 작은 꽃을 피운다고
하는데, 2개의 수꽃과 1개의 암꽃이 생기며 열매는 포과胞果로
10월에 익는다. 자잘한 꽃은 흰색이며, 7~8월에 간혹 피는 것이
있으나 터무니없이 작아서 찾아보기도 어려울 뿐만 아니라 실제
로 꽃을 피우는 것도 드물다고 한다. 가을에 모체母體에서 생긴
타원형의 작은 겨울눈이 논바닥에 가라앉아서 마른 땅에서도 죽
지 않고 겨울을 나고, 이듬해 봄에 물 위로 나와 발아한다. 타원
형의 식물체는 앞면은 녹색이나 뒷면은 자주색이며, 2~5개의
개구리밥이 서로 마주보고 이어져 난다. 각각의 잎 뒷면 가운데
에서 가는 뿌리가 7~12가닥이 나오고 뿌리가 나온 부분의 옆쪽
에서 곁눈이 나와 새 식물체가 생긴다. 다시 말하면 2~5개의 엽
상체가 서로 붙어 있더라도 그 하나하나가 다 개구리밥인 것!

한데 풀이 개구리밥이다? 천만의 말씀이다! 여러분들이 잘 알
다시피 개구리는 파리같이 살아 있는 벌레를 먹는 육식 동물이
다. 그러므로 그들은 이 풀을 절대로 먹지 않는데도 ‘개구리밥’이
란 이름이 붙었다. 개구리의 놀이마당인 무논에는 개구리밥이 한

가득 나지 않는 곳이 없고, 천방지축으로 떠들썩거리며 물을 휘젓고 다니던 개구리가 짐짓 멀뚱멀뚱 뚱그런 눈을 껌벅이며 머리를 쏙 내밀었을 때 이 개구리밥이 눈가나 입가에 더덕더덕 붙어 있는 것을 보고 우겨 붙인 이름일 터다. 아뿔싸, 이렇게 얼토당토아니한 '개 풀 뜯어먹는 소리' 같은 이름을 짓다니! 이는 모름지기 과학계에서 필히 삼가고 피해야 하는 선입관과 편견을 가지고 자연계를 흐지부지 헷갈리게 본 탓이다. 타산지석他山之石으로 삼을 것을 일깨워 주는 이름, 개구리밥! 그런데 서양 사람들은 있는 그대로 알맞고 올바르게 봤으니, 오리가 즐겨 먹는 풀이라 그에 걸맞게 '오리풀duck weed'이라 불렀다. 꼬인 가닥을 푸는 방법이 우리와 서양 사람이 이렇게 다르다. 그러나 너무 탓하지 말자. 개구리밥이라는 이름은 개구리가 많이 사는 연못이나 논에 사는 생활 습성에서, 또 올챙이가 잘 먹어 얻어진 것으로 생각하면 된다.

개구리밥은 관상용으로 키우기도 하며, 부레옥잠이 그렇듯이 비료 성분이 지나치게 많은 부영양화富榮養化 된 곳에서 인燐이나 질소窒素를 먹어 부영양화를 줄일 수 있을 뿐만 아니라 물에 산소도 공급한다. 하지만 성장 속도가

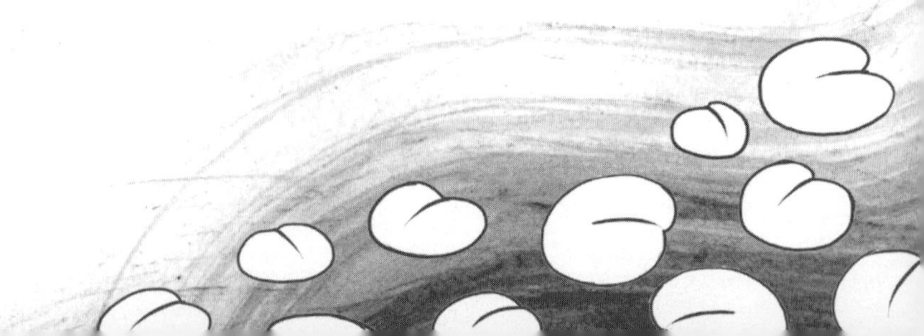

매우 빨라서(다른 유관속 식물보다 두 배 빠름)
부지불식간에 물 위를 갑자기 가득 덮
어 다른 생물들을 살지 못하게 하기
도 한다. 그래도 그림자를 드리워
개구리나 작은 물고기가 노닐게
하고, 물의 증발을 줄이는 데도
한몫을 한다. 또 나라에
따라서는 단백질과
지방 성분이

많은 개구리밥을 걷어서 가축의 사료로 쓴다고도 한다. 세상사란 늘 연방 엎치락뒤치락하는 것. "고랑도 이랑 될 날 있고 쥐구멍에도 볕들 날 있다."고 요새 와서는 보잘것없이 찬밥 신세로 괄시받고 왕따 당하다시피 했던 개구리밥이 애지중지 알짜배기 대접을 받는다고 한다. 왜 그럴까? 그 이유는 개구리밥이 번식 속도가 매우 빠르고, 옥수수보다 대여섯 배 많은 녹말을 만들어 내기 때문이다. 그래서 이를 이용해 새로운 청정 생물 에너지를 얻는 데 쓰기 위해 각국이 머리를 싸매고 구슬땀 흘리며 뇌에서 불이 나게 애를 쓴다고 한다. 한방에서는 7~9월에 채취하여 햇볕에 말린 것이 강장, 발한, 이뇨 및 해독 등에 효과가 있어 한약제로 사용한다고 한다.

사람이 산다는 것이 마치 물 위 개구리밥과 같이 보잘것없거나 떠돌이 생활을 한다는 뜻으로 '부평초浮萍草 인생', '부평초 신세'라는 말을 쓴다. 여기서 부평초는 '물 위에 떠 있는 풀'이라는 뜻으로 정처 없이 떠돌아다니는 신세를 비유한 말이다.

물꼬를 틔우는 날에는 논물이나 도랑물이 흐르면 흐르는 대로 몸을 맡겨 놓아 물살을 타고 잇따라 쏟아지듯 세차게 떠내려가는 개구리밥. 그런 형상을 보고 떠내려가는 부평초는 '유평流萍', 부평초가 떠다닌 자취는 '평종萍蹤', 부평초와 물이 서로 만난다는 뜻으로, 여행 중에 우연히 벗을 만나는 것을 이르는 '평

수상봉^{萍水相逢}' 등의 말을 썼다. 부평초 인생, 물에 떠서 사는 플랑크톤 같은 인생이다. 이러나저러나 아무래도 공수래공수거^{空手來空手去}인 것을……

개똥불로
별을 대적한다

"개똥불로 별^{星}을 대적한다."는 말은 상대가 어떤지도 모르고 어리석은 짓을 하는 것을 일컫는다. 한마디로 어림없는 소리라는 뜻이다. 여기서 개똥불은 개똥벌레의 꼬리 불이다. 개똥벌레의 바른 우리말이름은 반딧불이이고, 한자로는 형화^{螢火}요 영어로는 firefly다. 그리고 '형설지공^{螢雪之功}'이란 반딧불이의 꼬리 불빛과 눈의 빛으로 학업에 정진하여 입신양명하는 것을 비유한 것으로, 중국 진^{晉}나라의 손강^{孫江}과 차윤^{車胤}에 관한 이야기에서 나온 말이다. 손강은 겨울이면 항상 눈빛에 비추어 책을 읽었고, 차윤은 여름에 낡은 명주 주머니에 반딧불이를 많이 잡아넣어 그 빛으로 낮처럼 공부하였다고 했다. 필자도 어릴 때 이 이야기를 주워듣고 녀석들을 마구 잡아 유리병에 가득 넣어 흉내를 내 봤으나 별로 신통치 못했던 기억이 가물가물 난다. 어디서 듣자 하니 반딧불이가 최소한 200마리는 돼야 겨우 신문 글자를 구분한다고 하니 실패할 수밖에. 어쨌든 궁색하고 팍팍한 질곡의 삶은 그들이나 우리나 하나도 다르지 않았다.

심해어나 일부 버섯과 미생물, 반딧불이는 예사롭지 않게도 몸에서 빛을 내니, 이들 발광 생물發光生物은 빛으로 말을 한다. 벌은 몸을 흔들어서, 매미나 개구리는 소리로, 나방이들은 냄새로, 파리나 모기는 날개의 진동으로, 박쥐는 초음파로 의사소통을 하는데 말이지. 하여 반딧불이 암수는 반짝반짝 빛으로 알리고 알아낸다. 자동차의 꽁무니 점멸등도 분명 반딧불이의 그것을 본딴 것일 터! 그런데 반딧불이의 종마다 빛의 세기, 깜빡거리는 속도, 꺼졌다 켜지는 시간차들이 달라서 저희들끼리는 서로를 알아본다. 다만 도시에서는 빛의 간섭을 받아 밤하늘의 별을 보지 못하듯이, 이들도 도시에서는 서로의 신호를 알아볼 수 없어 불빛이 없는 호젓한 두메산골을 찾아들 따름이다.

여름밤에 저녁밥을 먹고 바람 쐬러 나와서 낮게는 애들 키 높이로 나는 반딧불이를 팔짝 뛰어 낚아채 사정없이 꼬리를 떼어서 이마와 볼에 쓰윽 문질렀으니, 일명 '귀신놀이'였다. 그렇게 얼굴에서 계속 빛을 발하는 것이 바로 반딧불이 빛, 형광螢光이다.

어두운 밤 밭 어귀를 유유자적 걷노라면 반딧불이들이 별똥별처럼 빤득빤득 흩날리던 모습이 지금도 어른거린다. 그때 그 시절에는 장난감이란 것이 따로 없었으니 반딧불이는 그야말로 우리들의 장난감이었다.

반딧불이는 절지동물의 곤충으로 딱정벌레목 반딧불잇과에 속하며 어른벌레, 알, 애벌레, 번데기 등 모두가 빛을 낸다. 어른벌레의 몸길이는 12~18밀리미터이고, 몸색깔은 검은색이며 앞가슴등판은 귤빛이 도는 붉은색이다. 전체적으로 거칠고 딱딱한 외골격으로 덮였다. 개똥벌레, 반디, 반딧벌레, 반딧불이라고도 부르며, 우리나라에 서식하는 반딧불이는 8종으로 기록되어 있다. 그러나 현재 실제로 채집되는 것은 애반딧불이, 파파리반딧불이, 운문산반딧불이, 늦반딧불이의 4종뿐이니 나머지는 어디로 갔을까 안타깝기 그지없다.

반딧불이의 아랫배 끄트머리 두세째 마디에는 특별히 분화한 발광기관이 있는데, 거기에서 발광 물질인 루시페린^{luciferin} 단백질이 산소와 결합하여 산화루시페린^{oxyluciferin}이 되면서 빛을 내게 된다. 그런데 이때는 루시페레이스^{luciferase}라는 효소와 마그네슘 이온 그리고 ATP(아데노신 3인산)가 있어야 한다. 발광 마디엔 산소 공급을 넉넉히 하기 위해 기관^{氣管}이 무척 발달하였다. 백열전구는 전기에너지의 10퍼센트 정도가 가시광선으로 바뀌고 나머지는 열로 빠져나가는 데 비해 생물 발광은 에너지 전환 효율이 매우 높아서 90퍼센트가 가시광선으로 바뀌기 때문에 열이 거의 없는 냉광冷光이다. 이런 차가운 빛에는 자외선이나 적외선이 들어 있지 않으며, 화학적으로 만들어진 것이라 파장이 510～670나노미터로 연노랑 또는 황록색에 가깝다.

여느 생물이나 종족 보존을 위해 아등바등 애써 힘겹게 살고 있으니 반딧불이 이야기 또한 결코 시시하다 할 수 없다. 이들은 번데기에서 어른벌레로 날개돋이할 때는 이미 입이 완전히 퇴화하여 살아 있는 동안에 도통 아무것도 먹지 못한다. 대신 지방을 몸에 가득 쌓고 나왔기 때문에 아무 탈 없이 지낼 수 있다. 그리고 번데기 꼴을 하는 암놈들은 하나같이 겉날개뿐만 아니라 얇은 속날개까지 송두리째 퇴화하여 앉은뱅이 신세다. 하여 풀숲에서 우러러보고 "여보, 나 여기 있소!" 하고 반짝반짝 사랑의 신호를 보내면 사방팔방 떼 지어 나부대던 수놈들이 살포시 내려앉아 다가간다. 달도 차면 기우는 법, 머잖아 삶을 접어야 하는 탓에, 그리고 수놈과 암놈의 성비가 50대 1인 까닭에 수놈들은 암놈을 찾아다니느라 바쁘다 바빠! 무슨 수를 써서라도 DNA는 퍼뜨리고 죽어야 하니 말이다. 한 보름 살 것을 가지고 그 고생을 한담!

아무튼 짝짓기를 하고 4～5일 지난 뒤 이끼에 300～500개의 알을 낳는다. 알은 3～4주 후 부화하여 애벌레가 되어 여름 내내

4~6회의 껍질을 벗으면서 자란다. 그런데 이들 애벌레는 물에 사는 것과 땅에 사는 것이 있다. 애반딧불이[*Luciola lateralis*] 애벌레만이 고즈넉한 산골짜기 실개천에 살고 나머지 종들은 모두 땅에서 산다. 그리고 물에 사는 애반딧불이 애벌레는 다슬기나 물달팽이를 잡아먹고 나머지 땅에 사는 것들은 밭가에 사는 달팽이나 민달팽이를 잡아먹는다.

겨울이 되면 애송이들은 매서운 칼 추위를 피해 가랑잎 더미에 몸을 묻거나 땅속으로 파고들지만 더러는 두꺼운 나무껍질 안에서 겨울을 나기도 한다. 그 뒤 4~5월 늦봄이 되면 1~2주간 흰 몸을 한 번데기 시기를 거치고 난 다음에 날개돋이하여 어른벌레로 비상하니, 빠르게는 5월 초에 그들의 비행을 볼 수가 있고, 유독 느리광이 늦반딧불이는 7월 초가 되어야 어른벌레가 된다.

이렇든 저렇든 반딧불이가 이제는 시나브로 줄어들어 절멸 직전에 있다니 걱정이 태산이다. 오, 통재라! 없어서도 안 되는 농약이나 제초제지만 여태껏 스스럼없이 뿌려온 탓에 애벌레의 먹잇감을 없앤 결과로 아예 먹이사슬을 잘라 버리고 말았다. "여우 두 마리가 숲 하나를 나눠 쓰지 못한다."고 하지만, 사람은 자연을 소중히 여기며 늘 살갑게 더불어 살아가는 아름다운 상생相生의 길을 찾아야 할 터다.

귀 잘생긴 거지는 있어도
코 잘생긴 거지는 없다

"코가 높다.", "콧대를 꺾다.", "코대답한다.", "콧방귀 뀐다.", "코에서 단내가 난다.", "눈코 뜰 사이 없다.", "코 꿰이다.", "코빼기도 못 보다.", "코가 빠지게 기다렸다.", "자빠져도 코가 깨진다.", "내 코가 석 자라.", "눈 감으면 코 베어 갈 세상", "코 묻은 돈", "엎어지면 코 닿을 데" 등등 코에 얽힌 속담과 관용어를 찾아보니 무려 99가지나 있었으니 옛사람들도 코를 무척 중시했음이 틀림없다. 그리고 "귀 잘생긴 거지는 있어도 코 잘생긴 거지는 없다."고 이렇게 자못 관상과 운명을 결정하는 중요한 포인트가 바로 코다. 또 "눈이 아무리 밝아도 제 코는 안 보인다."는 말도 있다. 어찌 되었든 이목구비耳目口鼻 넷이 곱게 아우러져야

미모美貌가 되는 것인데, 코 하나만도 너무 낮아도 안 되고, 너무 높아도 안 되며, 펑퍼짐해도 날카롭게 뾰족해도 미인의 코가 아니다. 그래서 그런 코들은 하나같이 칼을 맞는 세상이다.

그런데 얼굴 위에 솟은 콧등은 탄성연골로 되어 있기에 성형이 쉽고, 귀 또한 물렁뼈다. 기억나는가? 필자가 앞에서 만일 콧등이나 귓바퀴가 탄성연골이 아니라 딱딱한 경골로 되어 있다면 어땠을까 독자들의 상상에 맡긴다고 했던 말을. 그렇다. 콧등이나 귓바퀴가 딱딱한 경골이었다면 어딘가에 부딪칠 때마다 으스러지고 바스러져 누구 하나 제 모양을 한 사람이 없을 뻔했다. 연골인데도 눌려 뭉개져 버린 레슬링 선수들의 귀를 보라.

코는 뭐니 뭐니 해도 냄새를 맡는 빼어난 후각기嗅覺器다. 사람은 90퍼센트 이상 눈이 고군분투하여 자극을 감각, 수용하지만 여타 동물은 사뭇 다르게 코나 귀에 의존한다. 혀는 크게 봐서 네 가지 맛밖에 못 보는 데 반해, 코는 1만 가지 이상의 냄새를 구분한다니 굉장히 예민

236

한 감각기관이다. 이 '개코'로 술 냄새를 맡거나 화장품이나 향수의 향을 구별해서 먹고사는 사람들도 있다지. 하지만 코는 이렇게 민감한 반면에 이내 쉽게 피로해진다. 요새는 다르지만 옛날에는 교실마다 도시락 반찬 냄새가 진동해서 교실에 막 들어선 선생님은 냄새난다며 창문을 열라고 호통을 치셨다. 그런데 우스운 것은 얼마 안 있어 대뜸 춥다며 창문을 닫으라 하셨다는 거다. 코가 그 냄새에 피로해지고 익숙해진 것이지.

옛날 서양 사람들은 콧구멍을 '영혼의 길'로 봤다고 한다. 그래서 옆 사람이 재채기만 해도 정기가 새어 나가는 것으로 알고 "당신에게 신의 은총이!(God bless you!)"라고 죽음을 걱정해 주곤 했단다. 한데 콧속의 코털은 왜 나 있는 것일까? 조물주의 솜씨는 오묘해서 우리 몸에 필요 없는 것은 정녕 하나도 없다. 자꾸 자라서 떡하니 콧구멍 밖으로 불쑥 나와 볼썽사나우니 자주 잘라 줘야 하지만, 무턱대고 마구 뽑으면 병균이 들어가서 큰 탈이 나는 수가 있으므로 삼가야 한다. 어쨌거나 코털은 들숨 때 들어오는 굵고 큰 먼지를 거르는 필터 역할을 한다. 그리고 콧구멍 벽에는 끈끈한 점액이 자르르 묻어 있어 자잘한 먼지, 세균, 곰팡이, 바이러스 등을 모조리 붙게 하니 이것이 쌓여 굳어진 것이 바로 코딱지다. "코딱지 두면 살 되랴."라는 말이 있듯이 이미 그릇된 것은 그냥 둔다고 전처럼 되지 않는 법이니 사정없이 버려야 한다.

코는 손으로 만져지는 우뚝 솟은 외비外鼻와 그 안에 빈 공간인 비강鼻腔, 그리고 비강에 잇닿아 여러 뼈로 뻗쳐 있는 부비강副鼻腔으로 나눈다. 비강은 가운데 칸막이가 둘로 나누고 있으니 그 막膜을 코청이라고 한다. 콧구멍으로 들어온 공기는 코청을 경계로 양쪽 비강으로 나뉘어 흘러들고, 이어서 비강 바깥벽에 세 층으로 된 비갑개鼻甲介를 지나는데 이는 딱 라디에이터radiator를 닮았다. 차가운 공기가 들어오면 여기서 데우고, 더운 공기는 식혀주며, 건조한 공기면 습기를 뿜어내어 습도를 조절해서 허파에 보낸다. 따라서 코는 다름 아닌 라디에이터요, 가습기로다!

몹시 무안을 당하거나 기가 죽어 위신이 뚝 떨어질 때 "코가 납작해지다."라고 표현한다. 서양 사람들은 콧마루가 커서 코쟁이라 하고, 아프리카 원주민은 있는 둥 마는 둥한 납작코요, 우리는 그 중간에 드는 야트막한 둔덕 코빼기를 가지고 있다. 앞에서 말한 공기의 습도와 온도를 연계시켜 생각하면 코에 대한 해답이 바로 나온다. 덥고 건조한 사막지방의 중동 사람들이나 추운 북

쪽의 러시아 사람들의 코는 한결 크니, 사시장춘四時長春 그런 환경에 적응해 온 사람들은 자연히 코주부가 된다. 코가 커야 습도와 온도 조절을 잘 할 수 있다는 말씀! 그런가 하면 온도와 습도가 높은 열대지방 사람들은 납작코에다 콧부리가 짧고 작다. 아하, 코가 납작하게 눕거나 우뚝 솟는 것도 다 환경의 탓이렷다! 여태 이야기한 것을 간추리면, 코는 먼지나 병원균을 거르고, 온도와 습도를 맞춰 허파를 잘 보살펴 돌본다는 것!

게다가 코는 공명共鳴에도 매우 중요하다. 감기에 걸리면 코 먹은 소리에 제 음색이 나지 않는 것은 점막이 부어올라 비강의 틀이 바뀌었기 때문이다. 그리고 외국어를 아무리 잘해도 본토 발음과 똑같이 하기가 어려운 것은 코의 크기와 구조가 달라서인데 특히 비음鼻音의 프랑스어가 더욱 그러하다.

숨을 쉬면서 코로 드나드는 공기의 흐름을 곰곰이 생각해 보자. 들숨보다 날숨의 속도가 더 빠르지 않은가? 공기의 듦이 느리고 나감이 빠른 것은 가능한 한 이산화탄소가 많이 든 공기를 저만치 멀리 내쳐 버림으로써 신선한 공기를 빨아들이겠다는 것. 호흡 이야기가 나와서 하는 말인데, "호흡을 같이한다."는 말은 내 몸을 한 바퀴 돈 공기가 상대방의 코로 들어가서 한 바퀴 돌고 나와 마침내 다시 내 코로 들어온다는 뜻이다. 부부는 닮는다고 하는 것도 먹는 것이 같고 잠자리도 함께하면서 밤새도록 방 공기를 맞바꾸어 숨을 쉬니 서로 살결과 생각이 닮아 가서 그러는 것이리라. 우정이나 애정도 '이산화탄소 교환'의 기간과 양에 매였다! 한번 깊이 생각해 볼 일이다. 꼴같잖은 소리라 콧방귀 뀌지 말고 말이다. 아니꼽거나 못마땅하여 남의 말을 들은 체 만 체 말대꾸도 아니 할 때를 "콧방귀를 뀐다."고 하지. 아무튼 조붓한 숨통 구멍이 하는 일이 애당초 이리도 많다.

토끼를 다 잡으면
사냥하던 개를 삶아 먹는다

'토사구팽兎死狗烹'이란 사냥하러 가서 토끼를 잡고 나면 사냥개는 쓸모없게 되어 삶아 먹는다는 뜻으로, 필요할 때 요긴하게 써먹고 쓸모가 없어지면 가혹하게 버린다거나, 실컷 부려먹다가 일이 끝나면 돌보지 않고 헌신짝처럼 버리는 각박한 세상사를 비유해 이르는 말이다. 새를 다 잡고 나면 아무리 좋은 활과 화살도 광에 들어가는 법이지. 비슷한 한자성어로 '득어망전得魚忘筌'이 있으니, 물고기를 잡고 나면 통발도 잊고 그냥 돌아간다는 뜻이다. '토사호비兎死狐悲'는 토끼가 죽으니 여우가 슬퍼하더라는 뜻인데, 흔히 말하는 '악어의 눈물'과 같은 의미로 쓰는 표현이다. 여기서는 개 이야기는 빼고 산토끼에 대해서 살펴보도록 하자.

산토끼[*Lepus brachyurus*]는 토끼목 토낏과의 포유동물이다. 하다 못해 "끽" 소리도 지를 줄 모르며, 얼어붙은 듯 우두커니 그 큰 귀를 오뚝 세워 여기저기 사방을 살피는 모습으로 자주 묘사되는데, '놀란 토끼눈'이란 말이 그런 모습에서 나온 것이리라. 또한 분해서 매섭게 쏘아보는 눈도 '토끼눈'이라 하는데, 이는 족제비나 맹금류같이 자기를 성가시게 하는 천적을 경계하는 것이다. 그래도 이 토끼란 놈은 그렇게 고개를 치켜들고 두리번거리다가도 힘 좋고 긴 뒷다리를 냅다 뻗대고 꽁지 빠지게 달리는 날쌘 뜀박질 선수가 아닌가. 뒷다리가 앞다리보다 훨씬 길어 오르막에는 식은 죽 먹기지만 내리막에는 젬병이라 토끼몰이는 산 위에서 아래로 한다.

흔히 쥐 무리와 토끼 무리를 묶어 설치류齧齒類라 하는데 실은 둘이 좀 다르다. 이빨로 갉는다는 뜻의 설치류인 쥐는 앞니가 위아래 각각 한 쌍씩이고, 토끼는 쥐처럼 위아래 각각 한 쌍의 크고 긴 앞니가 있고 윗니 안쪽에 작고 짧은 이가 2개 더, 그러니까 이중으로 있어 중치류重齒類라고 부른다. 앞의 이빨은 쥐처럼 끝이 예리하면서 평생 자라지만 뒤의 이빨은 작고 뭉툭하면서 자라지 않는다.

전 세계에 사는 30여 종의 토끼를 크게 분류하면, 굴을 파고 사는 굴토끼류인 '집토끼' 무리와 굴을 파지 않고 맨땅에 사는 멧토끼류인 '산토끼' 무리로 나눌 수 있다. 전자는 새끼가 태어날 때 눈이 멀었고 털도 나지 않아 새빨간 맨살로 옴짝달싹도 못하는 까닭에 어미가 굴을 파고 그 안에다 보드라운 풀과 제 털을 뽑아 깔아 놓고 새끼를 낳는다. 후자는 새끼가 조숙하여 태어나자마자 눈도 뜨고 이미 털이 나 있으며, 얼마 후엔 야금야금 길 정도라서 그냥 맨 땅바닥에 터를 닦아 새끼를 낳는다는 차이가 있다.

토끼 이야기를 하다 보면 필자가 1970년대 중후반에 화동 언덕에 있었던 경기고등학교에서 선생을 할 때 생각이 솔솔 난다. 그때 토끼 해부 실습을 하고 나서 실습을 하지 않은 토끼를 뒷동산에 풀어 주었다. 이른 아침이면 널따란 운동장에서 깡충깡충 뜀박질하는 것들이 그렇게 예뻤는데 왜 학생들은 그놈들만 보면 냅다 쫓거나 돌팔매질을 하며 죽이려 들었을까. 어쨌거나 그 방목한 몇 마리가 굴을 파고 새끼를 치기도 했었다. 지금은 그 제자들이 벌써 이순耳順을 바라보는 나이니 세월무상이로다.

흰쥐나 흰토끼, 백사나 흰까마귀도 자연계에 생겨난 알비노albino로 이들은 온몸이 하얘 천적의 눈에 잘 띄어 쉽게 사냥감이 되기에 생존율이 떨어진다. 알비노는 동식물 세포에 널리 있는 타이로시네이스tyrosinase 효소가 없어 생기는 것으로, 이 효소는 아미노산 중의 하나인 타이로신tyrosine을 산화시켜 멜라닌melanin이나 다른 색소를 만드는 것을 촉매한다. 집토끼 눈알이 붉은 것도 상이 맺히는 망막 핏줄에 검은 멜라닌이 없어서 거기에 흐르는 빨간 피 색깔이 반사되어 눈동자가 붉게 보이는 것이고, 홍채도 투명하기에 눈 안의 피가 고스란히 비쳐 새빨갛게 보이는 것이다.

그런데 「옹달샘」이라는 동요에 "새벽에 토끼가 눈 비비고 일어나 세수하러 왔다가 물만 먹고 가지요."라는 가사가 있는데 사뭇 시답지 않은 말이다. 토끼는 그 물로 볼가심도 않는다. 토끼나 낙타들은 콩팥 세뇨관에서 물을 거의 다 재흡수하는 탓에 물이 적어도 사는 동물이다. 그래서 오줌 지린내는 당최 말도 못한다. 특히 물과는 상극이라 풀에 물이 묻어 있으면 설사한다며 마른 수건으로 닦은 뒤에 먹이지 않는가.

다음은 토끼똥 타령이다. 초식 동물을 소화기관 중심으로 보면 소나 염소같이 되새김위를 갖는 반추 동물과 맹장에서 주로 소화가 일어나는 토끼 같은 대장소화 동물大腸消化動物로 나뉜다. 토끼의 맹장은 위장의 10배가 넘으며 다른 대장과 함께 전체 소화기관의 40퍼센트를 차지한다. 토끼가 오물오물 잘게 씹어 먹은 풀이나 나무줄기, 껍질에 든 여러 영양소가 위에서 소화되어 소장에서 흡수하고 대장의 결장結腸으로 내려가는데, 섬유소같이 질긴 것들은 손톱만큼도 소화되지 않고 그대로 있기에, 그것들을 결장에서 맹장으로 되돌려 밀어 넣는다.

좀 더 상세하게 살펴보면 토끼똥은 우리가 흔히 보는 딱딱한 환약 같은 것이 있는가 하면 검고 끈적끈적하며 묽은 것이 있다. 그런데 께름칙하게도 토끼는 그 두 가지 똥 중 물찌똥을 도로 주워 먹는다. 후자의 점액성 대변은 토끼가 지체 없이 후딱 먹어 버리니 우리 눈으로 보기 어려운 것이다. 그 묽디묽은 똥은 맹장에서 4~8시간 걸려 발효된 것으로, 56퍼센트가 세균이고 24퍼센트가 단백질인 아주 귀중한 양분이다. 맹장에서 나간 양분 덩어리를 대장에서 흡수할 수 없기에, 그것을 다시 주워 먹어서 재차 위에서 단백질이 주성분인 세균까지도 깡그리 소화시킨다. 다시 말해서 맹장에서 1차 소화시킨 것을 다시 위장에서 재소화시킨다는 것! 묽은 변을 다시 소화시켰기에 초코볼 같은 동그랗고 딱딱해진 똥은 영양가가 거의 없다. 그러나 춘란이나 칡, 산삼 나부랭이를 슬근슬근 갉아먹은 토끼똥은 한약으로 쓴다.

애당초 두 마리 토끼를 잡으려다가는 하나도 못 잡는 법이니 모름지기 한 우물을 파야 할 것이요, 일껏 시켜 먹고 쓸모없다고 내치는 인정머리 없는 사람은 되지 말지어다.

견문발검,
모기 밉다고 칼을 뽑으랴

긴긴 한낮 더위에 하루 종일 녹초가 되어 밤잠이나마 꿀잠을 청하려는데, "모기도 모이면 천둥소리 난다."고, "애애앵" 하고 달려드는 모기 소리에 소스라치게 놀라 온 실핏줄이 바짝 쪼그라든다. 반사적으로 손바닥을 휘둘러 내리쳤으나 제 볼때기만 아플 뿐 허탕이다. 아귀다툼이 따로 없으니 부아가 치밀어 갈팡질팡 오두방정을 떨고 나면 초주검이 된다. 긴 밤 우두커니 뜬눈으로 지새울 걸 생각하면 교감신경 줄이 한껏 팽팽해지는 것이 '이 밤이여, 얼른 가라!' 는 생각이 절로 든다. 이럴 때 쓰는 말이 "모기 대가리에 골을 내랴."라는 말이다. 불가능한 일을 하려는 경우를 비웃는 말이지. '견문발검見蚊拔劍' 이라, "모기 보고 칼 빼기", '우도할계牛刀割鷄’라 "소 잡는 칼로 닭을 잡는다."라고도 한다. 두 말 모두 보잘것없는 작은 일에 지나치게 큰 대책을 세운다거나 괜히 조그만 일에 화를 내는 소견 좁은 사람을 일컫는다. 수틀린다고 주저리주저리 악다구니할 수도 없고, 속절없이 놈들에게 부대끼고 만다.

500~600헤르츠! 이른바 모기 앞날개의 진동음이 "앵" 하는 소리다. 알고 보면 그 소리는 같은 종끼리, 또 암수가 서로 소통하는 사랑의 신호다. 그런데 보통 날개는 종에 따라 1초에 250~500번을 떤다. 그대, 위대한 모기여! 3밀리그램밖에 안 되는 그 작은 놈이 우레 소리를 내다니! 모기들도 제가 즐겨 사는 삶터가 정해져 있으니 멀게는 반경 4킬로미터까지 날아가지만 대개는 1킬로미터 안에서 산다.

모기는 쌍시목雙翅目 모깃과 모기속의 곤충으로 우리나라에 50여 종이 살며, 학질을 옮기는 학질모기속[Anopheles], 바이러스성 뇌염을 매개하는 집모기속[Culex], 숲모기속[Aedes]으로 나뉜다. 무엇보다 모기는 파리와 마찬가지로 날개가 두 장이기에 쌍시류로 분류한다. 혹시 그림에 날개가 넉 장인 파리나 모기가 있다면 그것은 선입견이 만든 오류다. 무릇 과학은 선입견의 타파에서 비롯한다! 곤충은 날개가 넉 장이라는 선입견 말이다. 이것들은 뒷날개가 퇴화되고 앞날개만 남았으며, 대신 뒷날개는 평형간平衡杆이라는 하얗고 작은

돌기로 바뀌어 몸
의 평형을 조절한다.
평형간은 모양이 곤봉을
닮았다 하여 평형곤平衡棍이라
고도 한다.

모기는 알, 애벌레, 번데기, 어른
벌레의 시기를 거치면서 변태, 즉 탈바
꿈을 한다. 번데기 시기가 있는 완전 탈바꿈
을 한다는 말인데, 고인 구정물에 알을 낳으면 그
것들이 이틀도 안 되어 부화해서 장구벌레(타악기 장구를
닮아 붙은 이름)가 되고 그것은 1~2주 안에 네 번의 허물벗기를
하여 곧 번데기로 바뀐다. 번데기는 2~3일 지나면 껍질을 벗어
날개를 달고 물에서 공중으로 날아올라 어른벌레가 된다.

모기에 관한 속담 중에 "모기 다리에서 피 뺀다."란 것이 있는
데 이는 "벼룩의 간을 내먹는다."와 같은 말로 분량이 아주 적음
을 비유적으로 이르는 말이다. 난데없이 모기 한 마리가 내 손등
에 내려앉았다. 입 끝에는 예민한 감각털이 있어서 여기저기 주

둥이를 굴리면서 살갗 중에서도 아주 보드라운 자리를 찾아 헤맨다. "까짓것, 먹어 봐라, 이놈아. 그래 봤자 적혈구 몇 개 먹겠지." 하고 물끄러미 내려다본다. 그건 그렇다 치고, 모기가 날름 배불리 먹고 날아간 다음에야 '아! 모기 물렸구나!' 하고 때늦게 기별이 온다. 일반적으로 모기가 물 때 집어넣는 진통제 탓에 아픈 줄 모르고, 항응고제 때문에 피가 굳지 않으니 단숨에 술술 흘러 나간다. 그런데 모기나 벌레에 물리거나 상처가 나면 곧바로 근방에 있던 백혈구가 몰려와 그 자리에 히스타민histamine을

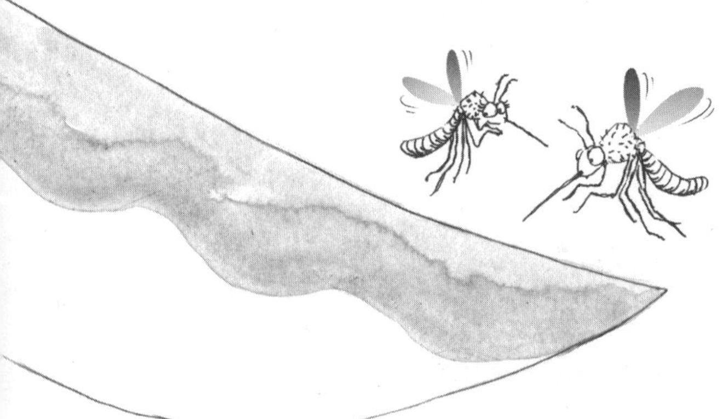

막 분비한다. 히스타민은 모세 혈관을 확장시키고 혈관의 투과성을 높이기에 다친 자리에 피가 많이 흐르게 되고, 혈액이 조직 사이로 스며들어 열이 나고 벌겋게 부어오르면서 가렵거나 쓰리고 아프게 된다. 그리하여 다친 자리에 항체가 들어 있는 혈

장 단백질이나 백혈구의 일종인 식세포食細胞를 더 많이 흐르게 하여 빨리 낫게 한다.

그런데 모기는 어떻게 사람이 거기에 있는 줄 알고 몰래 찾아올까? 모기 눈은 있으나 마나다. 모든 자극은 더듬이가 받아들인다. 모기 따위의 곤충은 사람이 내뿜는 체열, 습도, 이산화탄소, 땀에 들어 있는 지방산, 유기산, 젖산과 화장품 등의 온갖 냄새가 나는 곳으로 내처 날아온다. 예를 들어, 젖산은 20미터 밖에서, 이산화탄소는 10미터 밖에서도 벌써 알아차리고 그곳으로 꼬인다. 한 생물이 화학 물질에 자극이 되어 그쪽으로 모이는 현상을 양성주화성이라 하는데, 모기가 그 전형적 예가 되겠다. 그러니 대사 기능이 떨어지는 어른보다는 물질대사가 활발한 어린이가, 또 병약한 사람보다는 건강한 사람이 모기를 탄다. 아내와 같이 잤는데 왜 나만 깨무나 했더니……. 그러면 모기는 과연 창문을 가로로 잘라 3등분했을 때 위, 중간, 아래 중 어느 쪽으로 날아들까? 찬 공기는 아래로 들어오고 더운 공기는 위쪽으로 흘러 나간다는 대류對流의 원리를 알면 이해가 쉽다. 몸에서 내는 열이 공기를 데워 땀 등의 뭇 화학 물질을 천장으로 들어 올려 창문의 위쪽으로 이어 흘러 나가고, 그 냄새를 맡고 모기가 날아드는 것이다. 양성주화성이다.

사실 모기약 이야기를 하려고 위의 긴 이야기를 한 것이다. 모기향은 제충국除蟲菊이라는 국화과 식물에서 뽑은 것으로, 모기가 싫어하는 피레드로이드pyrethroid라는 신경 마비 물질이 들어 있다. 사람 신경계에도 썩 해롭다. 그리고 위에 언급한 바와 같이 모기는 창문의 위쪽으로 날아든다. 그러므로 모기향이나 유아용 모기 매트 따위는 책상 밑이나 방바닥에 놓지 말고 반드시 장롱이나 책장 위에 올려놓아야 한다. 과학을 알면 편하다. 한낱 작은 과학 지식에서 태산만 하게 큰 건강을 얻는다. 모기향이 열 받은 공기를 타고 위쪽으로 돌아나가기 때문에 창문 위쪽으로 들어오던 모기는 그 냄새에 식겁하고 얼씬도 못한다. 이것은 음성주화성이다! 꼭 그리 하시라.

구렁이 담
넘어가듯 한다

"뱀 본 새 짖어대듯" 한다고 실제로 참새나 까치들이 악착같이 짹짹거리는 곳에서는 언제나 스르르 기어가는 뱀을 보게 된다. 특히 구렁이는 집 안에서 돌아치면서 참새를 잡아먹는 것은 물론이고 알을 빼내 먹으니 새들에겐 불구대천不俱戴天이다. 다음은 뱀이 언급되는 속담들이다. 일을 분명하고 깔끔하게 처리하지 않고 슬그머니 얼버무려 버릴 때 "구렁이 담 넘어가듯 한다." 하고, 자기 자랑만 함을 비유하여 "구렁이 제 몸 추듯" 한다고 한다. 또 언짢은 것들이 여기저기서 모여 우글거리는 모양을 "빈 절에 구렁이 모이듯" 한다고 하고, 행동이 굼뜨고 힘이 없는 사람이거나 세력이 다하여 모든 희망이 좌절된 사람을 "서리 맞은 구렁이"라고 한다. "구멍에 든 뱀 길이 모른다."는 숨긴 재주나 재물이 얼마인지 헤아리기 어렵다는 뜻이며, "참새가 아무리 떠들어도 구렁이는 움직이지 않는다."는 실력 없고 변변찮은 무리들이 아무리 떠들어도 훌륭한 사람은 그들과 맞붙어 다투거나 반응하지 않는다는 말이다.

옛사람들은 구렁이를 능구렁이, 구렝이, 대사大蛇라고 일컬으며 집지킴이로 여겨 해코지하지 않았다. 구렁이[*Elaphe schrenckii*]는 파충류 뱀과의 동물로 중국, 러시아 등지에도 서식하며 멸종 위기 종으로 주로 쥐를 잡아먹는다. 큰 머리에 몸통은 굵고 꼬리는 짧으며 몸통 비늘은 21줄, 몸길이는 140~180센티미터로 우리나라에서 가장 큰 뱀이다. 황구렁이나 먹구렁이라고 부르기도 한다. 짝짓기는 5~7월에 하고, 알은 보통 12~25개를 낳아 두엄에 묻어 두어 두엄이 뜰 때 발생하는 열을 받아 부화한다.

옛날에는 소, 돼지 우리에 볏짚을 듬뿍 깔아 주었다. 거기에다 똥오줌을 깔겨 질퍽해지면 바닥을 긁어내어 원뿔 모양으로 차곡차곡 쌓아 놓은 다음 재灰와 변소의 대변, 배불뚝이 항아리에 모아 둔 소변을 똥바가지로 퍼서 질퍽질퍽 끼얹었다. 그러면 두엄에서 김이 무럭무럭 나니, 발효와 부패가 일어나서 열이 난다. 구렁이가 멸종하기에 이른 것은 시골 마당에 신주처럼 모셨던 구렁이 알자리인 두엄 더미가 사라진 탓이란다. 참 안타까운 일이다.

농촌 문화의 변화가 소리 소문도 없이 뱀의 생존에까지 영향을 끼쳤다니…….

　먹이는 쥐 같은 설치류를 비롯한 소형 포유류와 조류, 다람쥐, 청설모 등이다. 무독 뱀은 몸통으로 먹잇감의 숨통을 조여서 죽이고, 독뱀은 물어 죽인다. 먹이를 소화시키는 데는 바깥 온도가 섭씨 30도일 때가 좋기에 옛날에는 배불리 먹고 너럭바위에 널브러져 있는 구렁이를 종종 볼 수 있었다. 구렁이는 주행성이다. 이렇게 주행성 뱀은 눈동자가 동그랗지만 일부 야행성의 것은 고양이처럼 꺼림칙하게도 세로로 갈라지니 이런 눈을 수직 눈동자라 하고, 염소나 말처럼 엉큼하게 보이는 가로로 쪼개진 것을 수평 눈동자라 한다. 전자는 가까운 곳을 빨리 감지하는 공간 해상도가 높고, 후자는 먼 곳을 볼 수 있는 거리 지각이 높다고 한다. 참고로 사람은 가깝고 먼 것은 물론이고 온 사방팔방을 다 보는 둥근 눈동자다. 뱀은 2개의 허파 중에서 왼쪽 것은 퇴화하여 활동성이 있는 허파는 오른쪽 하나뿐이며, 등뼈가 자그마치 200∼400여 개로 자잘하고 짤막하기 때문에 똬리를 틀 수 있다.

　뱀은 네 다리 동물에 속하지만 그것들이 송두리째 퇴화되고 이래저래 몸속에 뒷다리 뼈의 흔적만이 남아 있다. 그래서 쓸데없는 군일을 하여 도리어 실패하게 될 때를 '화사첨족畵蛇添足'이라 하고, 줄여서 '사족蛇足'이라 한다. 뱀 발은 있으나 마나인 걸,

뱀을 그리면서 공연히 실물에 없는 네 다리를 멀쩡히 그려 넣었으니 웃기는 일이 아닐 수 없다.

느려 터진 뱀은 긴 몸을 추슬러 똬리를 틀고 노려보고 있다가 사람이 가까이 나타나면 갑자기 황망히 내뺀다. 귀는 먹었어도 땅바닥 진동으로 느낀다는 뱀! 뱀은 사람을 물고 싶지 않으나 막다른 골목에 놓였을 때 너 죽고 나 죽자 달려들 뿐이다. 독뱀은 입만 열면 위턱 독니가 저절로 벌떡 곧추서며 독액이 분비되어 먹이를 마비시킨다. 종류에 따라서 뱀독이 심장을 정지시키는 신경독으로, 또는 모세 혈관을 파열시키는 출혈독으로 작용한다. 그런데 뱀독으로 만든 항독 물질로 뱀에 물린 데 치료약으로 쓰니, 오랑캐를 오랑캐로 다스리는 이이제이以夷制夷처럼 독으로 독을 가시게 하니 이를 이독제독以毒制毒이라 한다 .

뱀의 눈은 겉으로는 멀쩡해 보이나 실제로는 앞을 보지 못하는 청맹과니나 다름없고, 귀머거리에 코의 기능도 형편없다. 하여 눈, 귀, 코의 할 일을 혀가 대신한다. 뱀은 끝이 두 갈래로 갈라진 혀를 계속 날름날름 내밀어 공기 중의 냄새 분자를 혀끝에 묻혀 입천장에 있는 야콥슨 기관Jacobson's organ에 집어넣어 감각을 느낀다. 그리고 눈과 코 사이에 있는 작은 구멍인 구멍기관pit organ은 섭씨 0.003도까지 구별하는 온도에 매우 예민한 기관으로, 먹잇감인 새나 쥐 같은 온혈 동물을 찾아내니 뱀은 동물 중에서 이례적으로 열 감지기를 가졌다. 그런데 '진 먹은 뱀'이라고 뱀은 담배 냄새를 싫어하니 야영할 때 텐트 둘레에 담뱃가루를 쭉 흩뿌려 두면 놈들이 알아서 피해 간다.

뱀은 양지바른 곳에 들쥐들이 파논 구멍에 들어가 둥글게 몸 사리고, 떼 지어 월동을 하기에 땅꾼들이 뱀 굴 하나를 발견했다면 손쉽게 노다지를 캔다. 가뜩이나 가을이면 야산허리에 뱀 그물까지 쳐서 동면하러 오르는 놈들을 마구 잡아 대니 뱀 씨가 말랐다. 그런데 뱀은 특이하게도 음경이 둘로 나뉜 반음경半陰莖을 갖는데 팔다리가 없는지라 어설프게 삽입된 음경이 빠져 버릴 수가 있지만, 그나마 다행인 것은 음경이 두 갈래로 나뉘어져 양끝을 옆으로 벌려 빠지지 않도록 버틴다니 조물주의 창조력이 참으로 감탄스럽다.

꾸물꾸물, 꾸불꾸불, 지그재그로 움직이는 뱀 운동을 사행蛇行이라 하고, 가지런히 포개진 비늘을 곧추세워 그야말로 구렁이 담 넘듯 앞으로 스르륵 기어가니 뒤로 미끄러지지 않는다. 한데 이승에서 음흉한 짓을 많이 하면 능구렁이가 되고, 숱하게 나쁜 짓을 하면 뱀이 되어 태어난다고 하더라. "서리 맞은 구렁이" 신세에 처한 나. 남은 인생이라도 마저 착하게 살다 죽으리라!

쑥대밭이 됐다

단군신화를 간단히 요약하면 다음과 같다.

천제天帝 환인桓因의 아들 환웅桓雄이 태백산(지금의 백두산) 신단수神壇樹 아래로 무리 3000명을 이끌고 내려와 신시神市를 세워 나라를 다스릴 때, 사람이 되기를 원하는 곰과 호랑이가 찾아왔다. 그리하여 그들에게 쑥과 마늘을 주면서 백일 동안 햇빛을 보지 말고 동굴 속에서 생활하라고 하였으나, 호랑이는 그 시련을 참지 못하고 나가 버렸다. 그동안 쑥 한 다발과 마늘 20개를 먹고 끝까지 잘 참은 곰은 웅녀熊女가 되어 환웅과 결혼하였고 아들 단군을 낳았다. 그 단군은 고조선을 세웠다.

여기서 호랑이와 곰, 쑥과 마늘은 무엇을 말하는가? 신화神話와 불경이나 성경 같은 종교 성전은 어느 나라의 것이든지 다 그것이 쓰일 당시의 인간상人間相, 시대상時代相, 문화상文化相이 거기에 녹아 있다. 그러니 단군신화 속 그때 그 시절에는 틀림없이 호랑이와 곰이 흔했고, 쑥과 마늘은 신비한 약효를 지닌 식물인 영초靈草로 알려졌던 것이다.

참쑥[Artemisia codonocephala]은 국화과 식물로 쌍떡잎식물 여러해살이풀에다 통꽃이다. 우리나라에 자생하는 쑥 무리에는 참쑥, 사철쑥, 산쑥, 물쑥 등 무려 25종이나 된다. 땅속줄기와 씨앗으로 번식하는데, 뿌리줄기가 옆으로 기면서 퍼져 나가고, 뿌리에서 나오는 잎은 장미꽃 모양의 로제트rosette 형이다. 아울러 줄기에서 나오는 잎은 어긋나고 날개깃처럼 깊게 4~8갈래로 갈라져 있으며 향기가 난다. 연분홍색의 꽃은 7~9월 무렵 줄기 끝에 피는데 다른 국화과 식물처럼 두상頭狀 꽃차례로 늦가을엔 꽃자리에 많은 씨가 달린다. 우리나라 전국에 나며 일본, 만주, 중국, 히말라야에 분포한다.

쑥은 여러 가지 풀 가운데 줄기가 단단하고 크므로 가을에는 사람 키에 이를 만큼 커져서 다른 식물을 누르고 빠르게 공간을 장악한다. 그림자를 드리워 햇빛을 차단하고 뿌리를 세게 뻗어 물과 양분을 다 빼앗아 버려 상대를 때려 눕힌다. 그래서 쑥이 나면 다른 풀들은 모두 시나브로 사라진다. 단군할아버지 때부터 이름을 날린 쑥인데 어디 감히 건방지게 다른 풀이 싸움을 건단 말인가.

이처럼 식물들끼리의 싸움은 눈에 보이지는 않지만 아주 천천히 잔인하고 철저하게 일어난다. 식물끼리도 박이 터지도록 싸운다. 소나무 밑에 떨어진 솔 씨도 싹을 틔우지 못하는데 어미 나무가 드리우는 그림자가 강한 빛을 받아야 하는 종자발아를 억제하기도 하지만 뿌리나 잎사귀, 뿌리줄기 등에서 뿜어내는 화학 물질 또한 싹틈을 방해하기 때문이다. 이런 현상을 타감작용他感作用, 영어로 알레로패시alleropathy라 하니, 소나무만 그런 게 아니고 여느 식물도 다 그렇다. 참쑥도 이 알레로패시 물질을 가지고 전투를 벌인다. 잎줄기가 헌걸차게 자라 그림자를 드리우고, 뿌리를 세차게 가지 쳐 물과 양분을 강탈하고 화학탄을 쏘아 상대를 쓰러뜨린다는 말이다.

그래서 '쑥대밭' 이란 쑥이 무성하게 우거져 있는 거친 땅이거나 매우 어지럽거나 못 쓰게 된 모양을 비유적으로 이르는 말이며, 비슷한 말로는 '쑥밭', '폐허'가 있다. '쑥대머리'라 하면 머리털이 마구 흐트러져서 몹시 산란한 머리를 일컫지 않는가. 그 좋은 쑥이 이럴 때는 부정적 의미로 쓰이는구나. 참고로 '쑥대'란 쑥과 대나무가 아니고 쑥의 대, 즉 줄기를 이르는 말이다.

한편 쑥을 한자로는 애초艾草라 한다. 줄기와 잎을 5월 단오 전후에 캐서 그늘에 말린 것을 약애藥艾, 잎만 말린 것은 애엽艾葉 이라고 한다. 쑥은 복통, 구토, 지혈에 쓰고 잎의 흰털을 모아 뜸 을 뜨는 데 쓰기도 하며 떡, 나물, 국, 차 등 음식에도 다양하게 쓰인다. 특히 쌀뜨물에 된장 풀어 끓인 쑥국은 그야말로 봄을 끓 인 국이다! 아무리 꽃샘추위가 기승을 부려도 양지바른 논둑과 밭둑엔 이미 쑥이, 아니 봄이 와 있다.

요새는 좋은 약이 넘치지만 옛날에는 언감생심이었다. 그런 데 참쑥은 다른 식물이 가지고 있지 않은 특수한 자기방어 물질 을 가지고 있어 그것이 약이 된다. 치네올cineol이란 물질인데 쑥 의 씁쓰레한 맛과 향긋한 향기도 이것 때문이다. 필자는 어릴 때 해마다 여름 설사로 한철을 보냈다. 이제 생각해 보니 만성대장 염이었다. 어쨌든 그 시절에는 지금 같은 약이랄 것이 없어 쑥물 아니면 벼 잎사귀 끝에 묻은 이슬이 약이었다. 그 일은 모두 어머 니 몫이었지. 그래서 나는 참쑥에서 어머니를 만난다! 어머니는 생쑥을 콩콩 찧어 베보자기로 짜서 쑥즙을 만들어 주셨다. 지금 생각해도 그 쑥즙이 소태같이 써서 소름이 끼친다. 어머니는 입 에 쓴 약은 몸에 좋다고 나를 달래시면서 얼른 설탕 한 숟가락을 입에 넣어 주셨지. 그 다디단 맛이라니! 요즘 들어 설탕이 건강에 어쩌고저쩌고하는데 내 귀에는 다 같잖은 소리로 들린다. 그건 그렇고 벼 잎사귀의 이슬은 어떤 약효가 있었을까? 모르긴 몰라도 그 이슬은 강한 알칼리성으로 위가 쓰리고 아플 때 먹는 제산제制酸劑 역할을 했을 터다. 서럽고 애달픈 세월이었다. 어머니, 고맙습니다!

입속 세균에 쑥 기름을 처리했더니만 세균 성장이 억제되는 것을 실험으로 확인하였단다. 어디 세균뿐이겠는가. 참쑥은 지혈제로도 쓴다. 꼴을 베다가 낫에 손을 베었을 때 쑥을 한 옴큼 뜯어 베인 곳에 문지르면 금방 피가 멎었다. 또 갑자기 코피가 날 때 쑥잎을 뜯어 콧구멍을 틀어 막으면 코피가 금세 멈추곤 했다. 그리고 멱을 감을 때 귓구멍 마개로도 쑥을 썼다. 쓱쓱 비벼 적당히 귓구멍에 끼우고 멱을 감았다. 어머니가 물에 들어가지 말라고 그토록 애타게 타일렀건만 자식 놈은 물속에서 피라미가 되어 놀았었다. 어머니, 죄송합니다! 애들이란 다 그런 것이라지만 쑥이 없었으면 어쩔 뻔했나. 참 고마운 쑥이다!

썩어도
준치

준치는 생선 중에 가장 맛있다고 하여 진어眞魚라 한다. 육질이 단단하고 살이 꽉 차 값도 꽤 비싸다. 그래서 준치는 썩어도 사람들이 버리지 않는다는 것. 설령 준치가 좀 물이 갔다고 해도 맛은 크게 변하지 않아서 그 진가를 간직하고 있단다. 그래서 아주 좋은 것은 그것이 낡거나 헐어 다소 흠이 생겨도 얼마쯤은 본디의 값어치를 한다고 해서 "썩어도 준치"라는 말이 생겼다. 같은 뜻의 속담에 "물러도 준치 썩어도 생치"란 말도 있다. 여기서 생치는 꿩고기를 말하는데 "꿩 대신 닭"이라고 꿩고기를 닭고기보다 한 수 위로 친다는 말이다.

어디 보자. 영국이 쇠락하고 노쇠했다고들 하지만 2012년 런

던올림픽에서 본 것처럼 문화·예술 면의 저력이 여전히 돋보였다. 그렇게 녹록지 않은 '대영제국'임을 보였으니, 공든 탑은 쉽게 무너지지 않는 법! "썩어도 준치"임을 역력히 보여 주었다. 옆 나라 일본이 좀 비실거린다고 시쁘게 여기고 들떠 우쭐하는 모양인데 천만의 말씀, 어림 반 푼어치도 없다. 우리가 일본 따라 잡으려면 죽기 살기로 뛰어야 한다. "썩어도 준치"고 "구관이 명관이다."라는 말도 있다. 그렇다. 한물간 옹색하기 그지없는 뒷방 노인들이 한껏 기죽어 지내지만 그들에게는 평생을 살면서 얻은 삶의 지혜가 있다. 그래도 너무 푹 썩어 먹지 못하는 '썩은 준치'가 될까 두려우니 쉼 없이 읽고 쓰고 생각할지어다. "부자는 망해도 3년은 간다." 하고 "프로는 은퇴하고 나서도 프로"라는 말이 있지 않은가. 그러나 "부자 삼대를 못 간다."는 말도 있음을 명심하자.

준치[*Ilisha elongata*]는 준치속의 바닷물고기로 언뜻 보아 밴댕이와 비슷하며, 몸길이는 45～60센티미터 정도로 밴댕이보다 좀 크다. 역시 옆으로 납작하며, 등은 어두운 청색, 배 아래쪽은 은백색이며, 배지느러미가 작고 뒷지느러미는 길다. 눈은 크고 지방질로 된 기름 눈꺼풀로 덮여 있으며 두 눈 사이는 좁고, 한 쌍의 골질융기^{骨質隆起}가 있다. 아래턱이 위턱보다 앞쪽으로 튀어나와 있으며, 위턱과 아래턱에는 가느다란 이빨이 한 줄로 줄지어 있다.

몸은 둥근 비늘로 덮여 있고, 배쪽 정중선을 따라 뒷지느러미 앞까지 날카로운 모비늘, 능린이 한 줄 있다.

유달리 우리의 구미에 맞아서 맛있는 생선으로 손꼽히는 준치다. 이들은 겨울철엔 제주도 서남해역에서 월동하다가 4~7월이면 북으로 이동하여 바닥이 모래 진흙인 강어귀나 강과 바다가 만나는 기수역汽水域에 지름이 2.2~2.5밀리미터 되는 구형의 알을 산란하는데, 금강에서는 15킬로미터 상류까지 거슬러 올라가 산란하기도 하고, 한강에도 더러 소강遡江한다고 한다. 산란 후 서해안이나 남해안에 흩어져 살다가 가을이 되면 남으로 이동하여 겨울 월동에 든다. 2년이면 성어가 되고, 수명은 약 6년이다. 새끼 물고기, 새우 등의 어린 갑각류, 두족류의 유생 등을 먹고 산다. 우리나라의 서해와 남해, 일본 남쪽, 동남아 말레이군도, 인도양에도 분포한다.

준치로 만드는 음식에는 국, 만두, 자반, 찜, 조림, 회, 구이 등 다양하다. 준치는 4~6월이 제철이어서 이때가 향기롭고 맛이 좋지만 뼈가 많고 몹시 억세므로 조심해서 먹어야 한다. 맛 좋은 준치는 가시가 많다는 말을 '시어다골鰣魚多骨'이라 하는데 '호사다마好事多魔'를 일컫기도 하니, 여기에는 엄한 훈계가 들어 있다. 권력이나 명예, 재물을 탐내면 불행이 닥칠 수 있으니 조심해야 한다는 뜻으로 요즘도 유효한 교훈이다. 조선 중기의 학자 이수

광이 편찬한 『지봉유설芝峰類說』에 의하면 세종의 다섯 번째 아들인 광평대군이 목에 생선 가시가 걸려 죽었다고 하는데, 그 생선이 바로 준치다. 대부분은 목에 박힌 가시를 예사로 여겨 맨밥을 꿀떡 삼켜 가시도 같이 넘어가게 하지만, 만일 가시가 깊이 박혔을 경우엔 식도를 뺑 뚫고 들어가 하마터면 생명을 잃을 수 있으니 조심해야 한다.

필자는 생선이라고 하면 맥을 못 춘다. 가시가 목에 걸려 고생한 경험이 몇 번 있어서 지금도 어떤 생선이든지 아내가 일일이 뼈를 발라 주는데, 나는 그것도 모자라서 이모저모 다시 헤집어 보면서 조심히 먹는다. "내 죽으면 생선 못 먹어 우짤라요."란 말에 일리가 있고, 언중유골言中有骨이라고 말에 가시가 들었다. 어두육미魚頭肉尾라 하여 옛날에는 바싹 구운 조기 대가리도 꾹꾹 씹어 먹었는데 지금은 이가 부실한 탓에 생선을 보면 가시부터 겁난다. 그런데 준치 뼈가 많은 데에는 전해 내려오는 이야기가 있다 한다. 옛날에 준치는 맛도 좋거니와 가시도 없어서 사람들이 준치만 먹으니 준치가 멸종 위기에 놓였다고 한다. 이에 용왕이 모든 어류를 모아 놓고 준치 멸망지환滅亡之患의 대책을 토론한 결과 준치에게 가시가 많도록 해 주자는 의견이 나왔다. 그래서 모든 물고기가 앞다투어 가시를 1개씩 뽑아 준치 몸에 꽂아 주니, 너무나 많이 꽂아서 아픔을 견디다 못한 준치가 마침내 달아나는데도 물고기들이 뒤쫓아 가서 가시를 꽂아 주는 바람에 결국 준치는 꽁지 부근에까지 가시가 많게 되었다는 이야기다. 좀 터무니없어도 이야기는 이야기일 뿐.

준치의 다른 이름은 시어鰣魚다. 시어의 시鰣는 제철이 지나면 갑자기 사라졌다가 이듬해 불현듯 다시 나타나는 것에서 생긴 이름이라고 한다. 조선 말기의 실학자 정약전의 『자산어보茲山魚譜』에도 "시어는 크기가 두세 자 정도로 비늘과 가시가 많으며 등이 푸른데 맛이 좋고 시원하다."고 기록되어 있다. 준치는 알싸한 맑은장국이 별미다. 씨알 굵고 살집 통통한 놈을 골라 찜통에 쪄서 젓가락으로 빗질하듯 살만 남김없이 차근차근 발라내 모아서 모양을 빚어 놓는다. 그런 후에 소금, 후춧가루, 깨, 생강즙, 참기름 등으로 고루 양념하고, 송송 썬 표고버섯, 당근, 양파에다 죽순도 빗살 모양으로 썰어 담뿍 넣고 준치 뼈 삶은 육수에 넣어 푹 끓인다. 다 끓으면 먹기 전에 식초 한 방울을 떨어뜨리는데 그러면 비린내가 제거되어 맛이 더욱 좋아진다고 한다. 강화도에 손끝이 맵기로 호가 난 할머니가 하는 유명한 집이 있다는데 언제 한번 들러 봐야지.

노래기
회 쳐 먹을 놈

옛날 우리 선조들은 자연과 더불어 살려고 하였다. 서양 사람들이 자연을 개척했다면 우리는 그저 순종하며 조화롭게 살았다. 무위자연無爲自然이라며 자연을 있는 그대로 두는 것으로 여겼지. 하여 다친 제비 다리를 고쳐 주었고, 바람벽에 기어오르는 지네를 마냥 흘겨보기만 했다. 지루하게 장맛비가 오는 여름에 눅눅한 방에 노래기도 막무가내로 기어 들어왔지만 마냥 타일러 보는 수밖에……. 그런데 이런 내 어린 시절이 원시생활 그 자체였다는 것을 나중에야 알았다. 어쩌다가 명命 하나 길어 초현대사회를 산다 생각하니 지금과 옛날의 차이가 너무 심하여 생기는 느낌, 금석지감今昔之感이 없지 않다.

음력 2월 초하루에 온 집 안을 깨끗이 청소하고, 어른들은 노래기를 퇴치하는 내용의 글, '향랑각시 속거천리香娘閣氏速去千里'를 한지에 써서 입춘대길立春大吉 붙이듯 노래기가 꾀기 쉬운 서까래나 기둥, 벽, 문지방에 비스듬히 붙였다. 징그러운 노래기를 이렇게 꼬드기는 것이다. "곱고 고운 향기 나는 아가씨香娘閣氏여, 어서 빨리 멀리멀리 밖으로 가소서速去千里!" 그늘지고 축축한 곳에 사는 놈을 쫓는 것이기 때문에 글씨를 붉은색으로 쓰지만 검은색으로 쓰기도 한다. 마냥 달래는 길밖에 없다. 향기로운 여자라는 의미에서 향랑香娘, 얌전한 여자를 의미하는 각시로 의인화하여 그 나쁜 성질을 건드리지 않으려 하였으니, 쥐를 서생원鼠生員이라 불러 구슬리는 것과 다르지 않다.

물론 노래기는 절지동물로 배각류倍脚類다. 노래기는 머리와 몸통으로 나뉘고, 몸통은 여러 개의 고리로 연결되는데, 몇 체절을 제외하고 모두 두 쌍의 다리가 붙었으니 배각류라 부른다. 한 체절에 발이 두 쌍씩 붙는 까닭은 원래는 따로 나뉜 2개의 체절이었으나 그것이 붙어서 하나가 된 탓이며, 이런 것을 중체절重體節이라 한다. 몸길이는 2~2.8센티미터, 몸 모양은 일반적으로 원통형이며 번들번들 광택이 나고, 몸색깔도 검은 것에서 적갈색 등 여러 가지이다. 다리가 아주 짧아서 스멀스멀 느리게 기지만 대신 발의 힘이 세어서 흙을 파는 데에는 귀신이다.

　노래기는 지방에 따라서 노략이, 이밥노략, 노내기, 노내각시, 사내기라고도 부르는데, 한자로는 발이 100개라는 뜻으로 백족충百足蟲, 둥근 벌레라는 의미로 환충環蟲이라고도 한다. 영어로는 millipedes라 하는데 여기서 milli는 '1000개', pedes는 '발'이란 뜻으로 '1000개의 발'이란 뜻이다. 지네를 '100개의 발'이란 의미인 centipedes라 하니, 노래기와 지네를 비교하면 역시 노래기가 발이 훨씬 많다. 노래기의 몸마디는 11∼60개로 앞에서 말했듯이 마디 하나하나에 두 쌍씩 다리가 빽빽하게 붙으니 많게는 120개나 된다.

　장마에는 벌레들도 흥건한 빗물이 지겨워 바깥보다는 좀 물기가 덜한, 아니 습기가 아주 적은 방을 좋아한다. 이렇게 궂은 날에 방에 군불이나 좀 넣는 날에는 이것들도 따스한 방으로 슬그머니 기어든다. 노래기가 방에 기어 다니는 것을 모르고 그만 밟는다면? 발에 미끈둥하며 언짢은 느낌이 들면서 악취가 순간적으로 코에 확 닿는다. 요새 사람들이 노래기를 밟았다면 아마도 기절할 것이다. 그러나 그때 우리는 "에이, 참!" 하고 걸레로 발바닥을 쓱 닦고 방바닥을 닦았다. 노래기는 자극을 받으면 몸 벽에 붙어 있는 현미경 같은 구멍으로 독액을 분비하거나 독성 물질인 시안화수소를 분비하여 몸을 보호하고 방어하니 노린내 내는 노래기도 제 살 요량이 있고 도망갈 궁리를 하는 것이다! 세상에 필요하지 않은 것이 태어난 것 없고, 살아 있는 생명치고 예쁘지 않은 것이 없다! 미물微物도 다 미물美物이다!

노래기는 사람에게는 크게 해롭지 않으나 다른 동물에게는 아주 치명적이라고 한다. 낙엽이나 지푸라기 따위의 부식질腐植質을 먹고 살며, 지렁이처럼 분해자로서 토양을 기름지게 하는 데 중요한 역할을 한다. 그러나 놀놀한 어린 곡식 새싹들을 뜯어먹는 수가 있으니 이럴 때는 해충이 된다. 이들은 9~10월에 짝짓기를 하여 알을 낳고 죽으며, 알에서 부화한 유생은 그 상태로 월동하는데 산란 습성이 다양하다. 체모體毛로 알 뭉치를 싸서 두는 것, 한두 알씩 캡슐 모양으로 흙으로 싸서 두는 것, 몸으로 직접 알을 품는 것, 흙으로 종 모양의 알 주머니를 만드는 것 등 여러 가지 방법이 있다. 노래기 중에는 동굴에 사는 종도 있는데, 이것들은 하나같이 눈이 퇴화하여 없다. 어쨌든 그들은 주로 음습한 곳에서 산다. 특히 볏짚이나 가랑잎이 모여 썩어 가는 곳에 많다. 동물치고 햇볕이 쨍쨍 내리쬐거나 바싹 메마른 곳에 살려고 드는 놈이 어디 있는가. 노래기는 몸 일부를 제외하고는 딱딱한 겉껍질로 싸여 있고 반짝거린다. 건드려 보면 공벌레처럼 몸을 또르르 감아 버린다. "굼벵이도 구르는 재주가 있다."고 했지.

여기까지 이만큼 노래기의 세계를 들여다봤으니 아마도 다음의 속담 이해에 큰 도움이 될 터이다. "노래기 회도 먹겠다."란 고약하게 노린내 나는 노래기의 회를 먹는다는 뜻으로, 염치도 체면도 없이 행동함을 핀잔하는 말이고, "비위가 노래기 회 쳐 먹겠다."고 하면 아주 비위가 좋음을 이르는 말이다. 또 "노래기 족통만 하다."는 노래기의 발이 가늘고 아주 작은 데서, 살림이 빈곤하여 남은 것이 아무것도 없음을 빗대어 이르는 말이며, 어떤 물건이 매우 작을 때에도 쓴다. 이들 속담이 우리에게 알리는 바는 노래기가 고약한 냄새를 풍긴다는 것과 다리가 아주 작다는 것이다. 그런데 그보다도 이런 노래기에 관한 속담이 여럿 있다는 것은 옛날에 노래기가 우리 생활과 떼려야 뗄 수 없었던 동물이었다는 사실이다. 아무렴, 사람의 힘을 더하지 않은 그대로의 자연이 무위자연이요, 이것이 바로 노자와 장자를 아우르는 노장 사상老莊思想이 아닌가.

연잎 효과

물은 연잎을 적시지 않고 연잎은 물을 깨뜨리지 않는다. 연잎은 자신이 감당할 만한 빗방울만 품고 있다가 버겁다 싶으면 선뜻 다소곳이 머리 숙여 미련 없이 부어 버린다! 군말 없이 비움과 채움을 되풀이하면서 고통의 뿌리인 탐욕과 집착을 여지없이 털어 버리라는 맑은 가르침을 준다. 또한 철철 넘치게 물을 가두지 않는 소담스러운 연잎에서 청빈淸貧도 배운다. 그래서일까? 고즈넉한 연못에 피어 있는 연꽃을 보면 마치 수줍게 미소 짓고 있는 아리따운 선녀를 보는 듯하다.

연꽃[*Nelumbo nucifera*] 줄기는 150센티미터까지 자라고 큰 것은 잎의 지름이 60센티미터나 되며, 5~9월에 붉은색 또는 흰색 꽃이 꽃자루 끝에 1개씩 달린다. 이른 아침에 피기 시작하여 정오경에 환히 웃다가 저녁 무렵에 일순간 오므라들며, 그러기를 꼬박 사나흘 되풀이하고는 이내 곧 이운다. 연꽃은 꽃떨기 하나에 18~26개의 꽃잎이 다닥다닥 달라붙어 있으며, 꽃잎은 달걀을 거꾸로 세운 차림새다. 암술과 수술이 한 꽃 안에 있는 양성화로 1개의 꽃봉오리에 300여 개의 수술과 40개 전후의 암술이 달린다. 수정 후 1.5센티미터 크기의 열매 연밥이 달리고 그 안에는 15~25개의 새까만 씨가 들며, 연밥은 먹기도 하지만 꽃 장식에도 쓴다.

　연꽃은 쌍떡잎식물 미나리아재비목 수련과의 여러해살이 수초이다. 세계적으로 널리 퍼져 살며 잎을 물 위에 띄우는 부엽 식물이다. 우리나라, 일본, 중국, 아시아 남부와 호주 등지에 분포하며, 옛날부터 속세에 물들지 않는 군자의 꽃으로 여겼고, 종자가 많이 달려 다산多産의 징표로 삼았다. 담백한 연근조림, 연잎밥, 연잎 차, 연잎 부침개, 연꽃 밥, 연꽃 차 등 먹을거리도 많이 나오며, 연잎 대궁으로 섬유 제품도 얻는다고 한다.

보통 연근蓮根을 뿌리로 생각하기 쉽지만 뿌리라기보다는 줄기에 해당하는 것으로 이런 것을 뿌리줄기라 한다. 연근을 썰어 보면 가운데에 하나, 그 둘레에 7~8개의 동그란 구멍이 뻥뻥 뚫려 있으니, 근경이 물속 진흙에 묻혀 있어 공기가 부족하기 쉽기에 평소에 공기를 넉넉히 저장해 두는 공기 저장 조직이다. 잎의 숨구멍으로 든 공기는 줄기를 타고 뿌리줄기까지 드는 것으로, 벼줄기가 그렇듯 연줄기도 속이 텅 비었으며, 이는 수생 식물들의 공통된 특징이다. 연근에는 섬유소, 비타민 C, 비타민 B6, 티아민, 리보플라빈, 인, 구리, 망간 등 많은 영양소가 들었다. 마나 토란처럼 위벽을 보호하며 장내 윤활제 역할을 하는 끈적끈적한 뮤신mucin도 듬뿍 들었다.

그런데 지금껏 연꽃잎은 단순히 밀랍이 많이 묻어 있어 물에 젖지 않고 연잎 위로 물방울이 옥구슬같이 뱅글뱅글 구른다고 여겼으나 그 이론도 이제 밀려나기에 이르렀다. 그럼 도대체 연잎이 물에 젖지 않는 까닭은 뭘까? 물방울은 높은 표면 장력 탓에

표면적을 줄이려는 성질이 있어 언제나 동그랗게 방울을 이루려 한다. 그러나 잎에 달라붙는 물의 접착력 탓에 표면을 적시는데, 표면의 구조와 물방울의 액체 장력에 따라 달라진다. 맨눈으로 보면 연꽃잎은 다른 잎들보다 훨씬 반들반들하고 매끄럽게 보이는데 이는 군더더기 없이 표면이 매끈하기 때문이 아니다. 전자현미경으로 들여다보면 연잎 표면에는 높이 10~20마이크로미터, 너비 10~15마이크로미터 크기의 울퉁불퉁한 나노 구조의 돌기가 촘촘히 나 있고, 이들 돌기는 밀랍같이 물을 몹시 꺼리는 발수성撥水性 물질로 덮여 있어 결국 잎이 물을 밀어내는 소수성疏水性을 띠게 되어 연잎 위에 떨어진 물방울은 잎 속으로 스며들거나 묻지 못해서 잎이 늘 깨끗한 것이다.

좀 더 덧붙이면 잎 표면의 소수성은 접촉각接觸角과 연관이 있다. 참고로 접촉각이란 액체가 고체에 접촉하고 있을 때 액체면과 고체면 사이가 이루는 각도를 말하며, 액체가 완전히 고체면을 적실 때는 접촉각이 0도, 전혀 적시지 않을 때는 180도이다. 다시 말하면 접촉각이 크면 클수록 표면의 소수성은 높은 것으로, 접촉각이 90도보다 작으면 친수성親水性이고 그보다 크면 소수성이라 한다. 연잎은 표면의 나노 구조 탓에 접촉각이 170도라고 한다. 그래서 실제로 연잎과 물방울의 접촉 면적은 겨우 잎의 2~3퍼센트밖에 되지 않아 물방울이 번지지 못하고 공기 위에

붕 떠 있는 상태가 되는 것이다. 이러한 연잎의 특징을 가리켜 '연잎 효과lotus effect'라 한다.

이렇게 물방울이 불안하다 보니 물이 모이는 족족 한꺼번에 와르르 좌악 쏟아지며, 이때 잎에 묻은 자질구레한 먼지도 봇물 터지듯 흐르는 물방울에 말끔히 쓸려 나간다. 물방울이 또르르 구르면서 먼지나 병원균, 조류 등을 다 채 가기에 식물에겐 무척 유리한 것이다. 게다가 광합성도 훨씬 잘 되게 해 준다. 한련旱蓮이나 토란土卵의 잎도, 나비나 잠자리들도 연잎 효과 덕에 자정自淨 능력이 있어 언제나 맑고 깨끗한 것이다. 그래서 사람들은 이런 성질을 이용하여 먼지가 묻지 않는 페인트, 이슬이 맺히지 않는 유리판 등을 만들었다.

아니, 연꽃 속에 난로가 들어 있나? 무슨 뚱딴지같은 소리냐고? 연꽃들이 꽃을 피울 무렵엔 바깥 기온이 겨우 섭씨 10도 정도인데도 꽃은 섭씨 30~35도로 뜨끈뜨끈하게 데워져서 곤충들을 불러들인다니 하는 말이다. 실로 어처구니가 없다. 기온 따라 체온이 바뀌는 변온 동물보다도 한 수 높은 연꽃이렷다!

연꽃 말고도 온도 조절을 하는 발열 식물이 있으니, 앉은부채[Symplocarpus renifolius]라는 것이다. 이것도 세포 속에 미토콘드리아가 엄청나게 많아 열을 내는 힘을 아주 높여 주변의 눈을 녹이고 꽃을 피운다고 한다.

다들 연꽃을 사랑하는 것은 비록 너저분한 개흙에 살면서도 때묻지 않고 몸, 말, 마음의 순수함과 순수한 성^性을 상징하고, 소담스런 자태를 흠뻑 뽐내는 아름다운 꽃을 피우기 때문일 것이다. 그래서 불교에서 상징물로 삼았나 보다. 붓다^{Buddha}는 태어나자마자 뚜벅뚜벅 걸었다 하며, 가는 곳마다 온 사방에 자비의 연꽃이 널리 피었다고 한다. 하여 사람들은 연꽃을 자못 깊게 아끼고 높이 기린다.

녹비에
가로왈 자라

모가지가 길어서 슬픈 짐승이여
언제나 점잖은 편 말이 없구나.
관(冠)이 향기로운 너는
무척 높은 족속이었나 보다.

　여류 시인 노천명의 「사슴」이라는 시다. 우리나라 사람들에게 '사슴'에 대해 물으면 아마도 세 손가락 안에 꼽힐 정도로 먼저 떠오르는 것이 이 시가 아닐까 싶다. 그런 사슴과 관련된 말에 "녹비鹿皮에 가로왈曰 자"란 말이 있는데, 줏대가 없는 사람을 비유하는 말이다. 흔히 말하는 "귀에 걸면 귀걸이, 코에 걸면 코걸이", 즉 '이현령비현령'과 비슷한 말이라 하겠다. 조심해 읽어야 할 것은 원래는 '녹피鹿皮'가 원음인데 이것이 변하여 '녹비'가 되었다는 것! 사슴 가죽은 유연성이 좋아서 '가로왈曰' 자를 써 놓고 세로로 잡아당기면 '날일日' 자 모양으로 변하고 가로로 늘이면 '가로왈曰' 자로 변하기에 이런 말이 생겼다고 한다. 그리고 "달리는 사슴을 보고 얻은 토끼를 잃는다."는 속담도 있는데, 이처럼 지나치게 욕심을 부리다가 도리어 손해를 보는 일은 없어야 할 것이다.

사슴 무리의 일반적 특성을 살펴보자. 사슴은 소처럼 되새김질을 하는 반추 동물로, 소목 사슴과에 속하며 세계적으로 150종이 넘게 분포하고 있다. 남극과 호주를 제외하고 세계 어디서나, 어떤 환경에서나 두루 산다. 작은 발굽을 갖는 무리는 유제류, 말처럼 굽이 하나인 무리는 기제류, 2개의 굽을 갖는 무리는 우제류라고 하는데, 사슴은 2개의 굽이 있어 우제류에 속한다. 사슴의 얼굴과 다리에는 냄새샘인 취선臭腺이 있는데 눈 아래쪽은 안하선眼下腺, 발굽 사이는 제간선蹄間腺이라고 한다. 이들 샘에서 나오는 분비물을 풀이나 땅바닥에 문질러서 그 냄새로 동종임을 알리고 영역 표시도 한다. 이들은 소처럼 4개의 방으로 된 되새김위인 반추위가 있어서 먹이를 되씹고 곱씹는다. 수놈들은 뿔이 나는데 예외적으로 순록은 암놈도 뿔이 난다. 보통 30~300킬로그램이지만 가장 작은 종은 10킬로그램 안팎이고, 가장 무거운 말코손바닥사슴은 430킬로그램에 육박한다. 사슴 무리는 달리기도 잘하고 수영도 선수급이다. 위턱에 앞니가 없는 것을 딱딱한 바닥이 대신하고, 순수 초식성이라 지방 소화에 관여하는 쓸개가 없다. 새끼를 배는 기간은 10개월이고 한배에 한두 마리의 새끼를 낳는데 어미 혼자서 새끼를 키운다.

다음은 우리 사슴의 대명사인 대륙사슴[*Cervus nippon*] 이야기인데 속명 *cervus*는 라틴어로 '사슴', *nippon*은 '일본'이란 뜻이다. 우리나라에는 대륙사슴, 노루, 사향노루, 고라니가 있으며, 그중 대륙사슴은 흔히들 '꽃사슴'이라 부른다. 우람하고 고졸古拙한 느낌을 주는 이 꽃사슴은 안타깝게도 일제강점기에 해로운 짐승들을 없애겠다는 명목으로 철퇴를 맞았을 뿐만 아니라 녹용을 노리는 밀렵으로 남한에서는 1921년 제주도에서 잡힌 것이 마지막이었다고 한다. 때문에 현재 국내에서 사육되고 있는 꽃사슴은 모두 수입한 것들이고, 백두산에 소수가 명맥을 유지하고 있다고 한다. 몸에 흰 반점이 있어 꽃사슴이라 부르는데, 우리나라, 일본, 만주 등 동북아시아에서만 서식하는 종이다. 여름털은 갈색 바탕에 작고 흰 무늬가 촘촘히 뚜렷하지만 겨울에는 그것이 사라지며 회갈색이 된다. 우리나라 대륙사슴이 일본이나 대만산보다 반점이 훨씬 뚜렷하며, 그래서 수입한 꽃사슴은 '꽃'이 선명하지 못하다.

　사람의 자취가 드문 산에서 살며, 먹이는 주로 풀, 나뭇잎, 연한 싹을 먹지만 이런 먹잇감이 없으면 나무껍질, 밤, 도토리, 이끼, 버섯류도 다부지게 먹는다. 보통 노루보다 조금 큰데, 수놈은 암놈보다 커 몸길이 90~190센티미터, 어깨높이 70~130센티미터, 몸무게 50~130킬로그램 정도이고, 발정기에는 비로소 수놈의 목에 길고 센 갈기가 생긴다. 수놈과 암놈은 한동안 다른 무리를 지어 생활하다가 교미기에 일시적으로 만나며, 대장 수놈은 암놈을 여럿 거느리니 이런 것을 하렘harem이라 하고, 암수가 이렇게 다른 것을 성적이형性的二形이라 한다. 보통 네 갈래로 가지치기하는 사슴의 뿔 녹용鹿茸은 해마다 4~5월에 밑 뿔 자리에서 떨어져 나가고, 곧 새로운 뿔이 자라기 시작한다. 벨벳처럼 부드러운 털이 난 피부로 덮여 있고, 내부의 화골化骨이 완성되면 겉면의 피부가 탄력을 잃고 각질화되어 말라 떨어진다. 참고로 날랜 솜씨나 기묘한 방법을 표현하는 말인 "용빼는 재주"의 '용'은 바로 이 '녹용'을 뜻한다.

　사슴의 무리에는 사향노루, 고라니, 노루 등이 있다. 그중 사향노루, 고라니는 위턱 송곳니가 엄니로 발달했고, 노루는 뿔이 있다. "사향노루는 사향 때문에 죽고, 사람은 입 때문에 죽는다."라는 말도 있듯이 사향노루는 사향의 귀한 가치 때문에 다른 짐승들보다 더 큰 수난을 받아 왔다. 사향麝香은 수놈 배꼽 근방의 피하에 있는 달걀만 한 주머니 속에 들어 있으며, 주성분은 무스콘muscone이다. 이는 동물들이 만드는 유기 화합물 중에서 가장 비싸다고 한다. 중국과 우리나라에만 분포하는 종인 고라니는 뿔이 없는 대신 수놈의 경우 위턱의 송곳니가 아래로 길게 구부러져 8센티미터까지 자란다. 암놈은 엄니가 0.5센티미터 정도밖에 자라지 않아 겉으로 드러나지 않는다. 수영을 잘해서 그런가 영어 이름은 water deer이다. 노루는 고라니보다 훨씬 크고, 곧추선 뿔이 수놈만 있으며 길게는 20~25센티미터에 달하고, 끝에는 짧게 3~4개의 가지를 친다. 예민하여 제 방귀에도 잘 놀라서 침착하지 못하고 경솔한 행동을 할 때 "노루 제 방귀에 놀라듯"이라는 표현을 쓴다.

'지록위마指鹿爲馬'라는 말이 있다. 사슴을 가리켜 말이라 한다는 뜻으로, 윗사람을 농락하고 권세를 함부로 부리는 것을 비유하는 말이다. 또한 '여각자불여치與角者不與齒'라 하여 뿔을 준 자에게는 이빨을 주지 않는다는 말도 있다. 이 말은 아무래도 사슴 무리의 동물을 보고 한 말일 듯. "날개를 준 자에겐 발 2개만 준다."고도 했으니 세상만사 참으로 공평하도다!